浙江省高职院校"十四五"重点教材

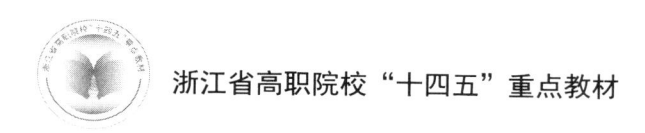

高等职业院校技能应用型教材

Arduino 单片机实战

仇高贺　赵江武　涂郁潇颖　主编
胡文飞　何　涛　林　淼　副主编

电子工业出版社
Publishing House of Electronics Industry
北京·BEIJING

内 容 简 介

本书通过项目组织内容，以任务驱动的方式，由浅入深、系统全面地介绍 Arduino 单片机使用方法和技巧。本书通过图形化编程让读者零基础入门单片机开发领域，从虚拟仿真入手，让用户零成本搞懂单片机开发技巧。本书通过 7 个项目案例，环环相扣，层层递进，内容涵盖 Arduino 基础知识及高级应用，中途穿插简单项目制作，举一反三，使读者巩固已有知识并扩展提高单片机开发技能。本书同时提供课程微视频与项目案例参考程序，以便读者扫码学习和下载实践。本书配备了 PPT 课件、实训讲义等教学资源，读者可以登录华信教育资源网注册后免费下载。

本书内容选取合理、结构清晰、实用性强。本书蕴含了编者丰富的单片机开发和教学经验。本书既可作为高等职业院校、应用型本科院校电子信息大类、装备制造大类、轻工纺织大类、交通运输大类、文化艺术大类及创客相关专业的单片机开发、创新设计等课程的配套教材，也可供从事相关技术研发工作的人员参考。

未经许可，不得以任何方式复制或抄袭本书之部分或全部内容。
版权所有，侵权必究。

图书在版编目（CIP）数据

Arduino 单片机实战 / 仇高贺，赵江武，涂郁潇颖主编. -- 北京 : 电子工业出版社, 2025. 5. -- ISBN 978-7-121-50084-8

Ⅰ．TP368.1

中国国家版本馆 CIP 数据核字第 20251LX292 号

责任编辑：薛华强　　特约编辑：何清文
印　　刷：三河市龙林印务有限公司
装　　订：三河市龙林印务有限公司
出版发行：电子工业出版社
　　　　　北京市海淀区万寿路 173 信箱　邮编：100036
开　　本：787×1 092　1/16　印张：12.25　字数：337 千字
版　　次：2025 年 5 月第 1 版
印　　次：2025 年 5 月第 1 次印刷
定　　价：45.00 元

凡所购买电子工业出版社图书有缺损问题，请向购买书店调换。若书店售缺，请与本社发行部联系，联系及邮购电话：(010) 88254888，88258888。
质量投诉请发邮件至 zlts@phei.com.cn，盗版侵权举报请发邮件至 dbqq@phei.com.cn。
本书咨询联系方式：(010) 88254569，xuehq@phei.com.cn，QQ1140210769。

前　言

本书遵循《国家职业教育改革实施方案》和"三教"改革的精神，贯彻落实发展新质生产力，推进新工科、新医科、新农科和新文科建设，全面贯彻党的教育方针，落实立德树人根本任务而编排教学内容。

Arduino 因具有开源性、集成度高、体积小、可靠性好、控制能力强、性价比高等特点，在工业自动化控制系统、智能仪表等领域有着广泛的应用，具有强大的生命力，同时 Arduino 单片机由于内核简单，学习起来容易上手。熟练掌握了 Arduino 单片机，再学习其他的单片机，如 ARM，也更容易，所以学习 Arduino 单片机是一种不错的入门手段。

本书编者结合十多年职业院校教学经验，力求让本书的内容体现出高职教育的特色，主要的特点包括以下几个方面。

1. 强化技能训练

本书采用项目化结构编排，每个项目又分解为多个具体工作任务，通过具体工作任务入手，引出相关的知识点和技能点，着重强调技能训练，理论知识以"够用为度"的原则呈现，充分体现"做中学，学中做"的高职教育特点。

2. 采用先图形化入手后 C 语言相结合的教学方法

传统的单片机教学通常采用汇编语言编程，对高职学生来说，很难上手，不利于教与学。相较而言，编者先采用图形化编程入门再采用 C 语言编程，且 Arduino 单片机的学习对 C 语言掌握程度的要求不高，使读者上手快，只需掌握基本的 C 语言程序设计知识即可进行 Arduino 单片机的设计开发。

3. 所选项目实用性强，贴近职业岗位需求

本书所选项目均经过精心挑选，具有实用性强、贴近职业岗位需求的特点，每个项目在实施完成之后进行一定的拓展即可成为一个应用型的项目。

4. 任务难度螺旋递增

各个任务之间既相对独立，相互之间又有紧密联系，各个任务难度呈螺旋递增的结构，符合学生的认知习惯。

5. 思政融合、立德树人

本书配有融合了思政元素的微课视频，使读者在学习职业技能的同时培养职业素养，树立正确价值观、人生观和职业观。

本书的项目 1 由仇高贺编写，且其负责全书统稿；项目 2 由林淼编写；项目 3 由何涛编写；项目 5 由涂郁潇颖编写；项目 4、6 由赵江武编写；项目 7 由胡文飞编写。另外，在

此对洛阳银杏科技有限公司王军伟和浙江利强包装科技有限公司于士强参与教材研发表示感谢。

  为方便教学，本书在学银在线、智慧职教平台均配有教学视频、电子教学课件、项目源程序文件等教学资源。因编者水平有限，书中难免出现错误和疏漏之处，恳请读者提出宝贵意见（370114646@qq.com）。

编者

目 录

CONTENTS

项目1 花样霓虹灯的设计与实施 ... 1
任务1.1 点亮第一个LED ... 1
教学导航 ... 1
任务描述、目的及要求 ... 1
电路设计 ... 2
程序设计 ... 3
任务的调试运行 ... 5
知识点 ... 6
  1.1.1 电子设计基础 ... 6
  1.1.2 认识单片机 ... 9
拓展知识点 ... 11
举一反三 ... 12
任务小结 ... 12

任务1.2 LED闪烁控制 ... 13
教学导航 ... 13
任务描述、目的及要求 ... 13
电路设计 ... 13
程序设计 ... 14
任务的调试运行 ... 14
知识点 ... 14
  1.2.1 Arduino单片机外部引脚 ... 14
  1.2.2 LED的工作原理 ... 17
拓展知识点 ... 17
举一反三 ... 18
任务小结 ... 18

任务1.3 按键灯设计与实施 ... 18
教学导航 ... 18
任务描述、目的及要求 ... 19
电路设计 ... 19
程序设计 ... 19
任务的调试运行 ... 21
知识点 ... 21
  1.3.1 按键的工作原理 ... 21
  1.3.2 C语言的基本结构 ... 22
  1.3.3 标识符和关键字 ... 23
  1.3.4 C语言数据类型 ... 24

1.3.5 运算符与表达式	25
1.3.6 结构化程序设计	28
举一反三	32
任务小结	33
任务 1.4 流水灯设计与实施	33
教学导航	33
任务描述、目的及要求	33
电路设计	34
程序设计	34
任务的调试运行	35
知识点	35
1.4.1 Arduino IDE 简介	35
1.4.2 Arduino 常用的 I/O 操作函数	37
举一反三	40
任务小结	40

项目 2 简易电风扇系统的设计与实施 41

任务 2.1 渐变灯	41
教学导航	41
任务描述、目的及要求	41
电路设计	41
程序设计	42
任务的调试运行	44
知识点	44
举一反三	44
任务小结	45
任务 2.2 数码管显示矩阵键盘按键号	45
教学导航	45
任务描述、目的及要求	46
电路设计	46
程序设计	46
任务的调试运行	50
知识点	50
2.2.1 数码管知识	50
2.2.2 数组	52
2.2.3 预处理命令#define 的用法及作用	53
2.2.4 矩阵键盘	54
举一反三	55
任务小结	56
任务 2.3 直流电机的调速控制	56
教学导航	56
任务描述、目的及要求	57
电路设计	57
程序设计	57

任务的调试运行 ·· 58
　　知识点 ··· 58
　　　　2.3.1　直流电机 ·· 58
　　　　2.3.2　PWM 控制技术 ·· 60
　　　　2.3.3　电机驱动芯片 L9110 简介 ·· 61
　　举一反三 ··· 62
　　任务小结 ··· 62
　任务 2.4　简易电风扇控制系统的设计与实施 ·· 63
　　教学导航 ··· 63
　　任务描述、目的及要求 ·· 63
　　电路设计 ··· 63
　　程序设计 ··· 64
　　任务的调试运行 ·· 65
　　举一反三 ··· 65
　　任务小结 ··· 65

项目 3　简易智能楼宇控制系统的设计与实施 ·· 66
　任务 3.1　红外遥控 LED ··· 66
　　教学导航 ··· 66
　　任务描述、目的及要求 ·· 66
　　电路设计 ··· 67
　　程序设计 ··· 67
　　任务的调试运行 ·· 69
　　知识点 ··· 69
　　　　3.1.1　红外遥控 ·· 69
　　　　3.1.2　继电器 ·· 70
　　举一反三 ··· 70
　　任务小结 ··· 71
　任务 3.2　智能走廊灯制作 ·· 71
　　教学导航 ··· 71
　　任务描述、目的及要求 ·· 71
　　电路设计 ··· 72
　　程序设计 ··· 72
　　任务的调试运行 ·· 73
　　知识点 ··· 73
　　　　3.2.1　光敏传感器的工作原理 ·· 73
　　　　3.2.2　声音传感器的工作原理 ·· 73
　　　　3.2.3　热释电传感器 ·· 74
　　举一反三 ··· 74
　　任务小结 ··· 75
　任务 3.3　简易智能楼宇控制系统设计制作 ·· 75
　　教学导航 ··· 75
　　任务描述、目的及要求 ·· 75
　　电路设计 ··· 75

  程序设计 ··· 76
  任务的调试运行 ·· 77
  知识点 ··· 77
   3.3.1 烟雾传感器的工作原理 ·· 77
   3.3.2 土壤湿度传感器的工作原理 ·· 78
   3.3.3 舵机的工作原理 ··· 79
  拓展知识点 ··· 80
  举一反三 ·· 81
  任务小结 ·· 81

项目 4 智能小车系统的设计与实施

 任务 4.1 智能循迹小车的设计与实现 ··· 82
  教学导航 ·· 82
  任务描述、目的及要求 ·· 82
  电路设计 ·· 83
  程序设计 ·· 89
  任务的调试运行 ·· 91
  知识点 ··· 91
   4.1.1 光电传感器的工作原理 ·· 91
   4.1.2 减速电机的参数 ··· 92
  举一反三 ·· 92
  任务小结 ·· 93
 任务 4.2 平衡小车的设计与实现 ··· 93
  教学导航 ·· 93
  任务描述、目的及要求 ·· 93
  电路设计 ·· 94
  程序设计 ·· 101
  任务的调试运行 ·· 109
  知识点 ··· 109
   4.2.1 卡尔曼滤波 ·· 109
   4.2.2 光电编码器 ·· 109
  举一反三 ·· 110
  任务小结 ·· 110

项目 5 智能机械臂的设计与实施

 任务 5.1 步进电机驱动系统的搭建与调试 ··· 111
  教学导航 ·· 111
  任务描述、目的及要求 ·· 111
  电路设计 ·· 111
  程序设计 ·· 113
  任务的调试运行 ·· 115
  知识点 ··· 115
   5.1.1 步进电机 ·· 115
   5.1.2 步进电机驱动系统的组成及功能分析 ·· 117
   5.1.3 TB6600 步进电机驱动器 ·· 117

5.1.4　DRV8825 步进电机驱动器 ·· 118
　　　5.1.5　Ramps 扩展板 ·· 118
　　　5.1.6　Arduino 扩展库的安装与使用 ·· 119
　　任务小结 ··· 120
　任务 5.2　机械臂正向运动学与逆向运动学的建模与调试 ····························· 120
　　教学导航 ··· 120
　　任务描述、目的及要求 ·· 120
　　电路设计 ··· 121
　　程序设计 ··· 121
　　任务的调试运行 ··· 128
　　知识点 ·· 128
　　　5.2.1　MatrixMath 扩展库 ··· 128
　　　5.2.2　机器人运动学建模 ·· 128
　　　5.2.3　欧拉角描述方式 ·· 130
　　　5.2.4　机器人逆向运动学建模 ·· 131
　　任务小结 ··· 132
　任务 5.3　智能视觉引导的机械臂搬运程序设计 ·· 132
　　教学导航 ··· 132
　　任务描述、目的及要求 ·· 132
　　电路设计 ··· 132
　　程序设计 ··· 132
　　任务的调试运行 ··· 140
　　知识点 ·· 140
　　　5.3.1　视觉传感器的工作原理 ·· 140
　　　5.3.2　手眼标定 ··· 141
　　任务小结 ··· 142

项目 6　智能仓储的设计与实施 ··· 143
　任务 6.1　智能仓库的设计与实施 ·· 143
　　教学导航 ··· 143
　　任务描述、目的及要求 ·· 144
　　电路设计 ··· 144
　　程序设计 ··· 148
　　任务的调试运行 ··· 153
　　知识点 ·· 154
　　　6.1.1　RFID 通信 IC 卡 ··· 154
　　　6.1.2　ZigBee 通信简介 ·· 154
　　　6.1.3　显存芯片 SSD1306 ··· 155
　　任务小结 ··· 156
　任务 6.2　智能水表的设计与实施 ·· 156
　　教学导航 ··· 157
　　任务描述、目的及要求 ·· 157
　　电路设计 ··· 157
　　程序设计 ··· 162

	任务的调试运行	164
	知识点	164
	任务小结	165

项目7 农业智能灌溉与监控系统的设计与实施 ... 166

任务7.1 农业智能灌溉系统的设计与实施 ... 166

教学导航 ... 166

任务描述、目的及要求 ... 166

电路设计 ... 167

程序设计 ... 169

任务的调试运行 ... 174

知识点 ... 174

  7.1.1 ZigBee 无线通信模块 ... 174

  7.1.2 感知模块硬件选型 ... 174

  7.1.3 远程通信模块选型 ... 176

任务小结 ... 177

任务7.2 农业智能监控系统的设计与实施 ... 178

教学导航 ... 178

任务描述、目的及要求 ... 178

电路设计 ... 178

程序设计 ... 182

任务的调试运行 ... 184

知识点 ... 184

任务小结 ... 185

参考文献 ... 186

项目 1 花样霓虹灯的设计与实施

本项目从点亮第一个 LED（发光二极管）入手，首先，让读者了解 Arduino 单片机、单片机应用系统，以及单片机的内部结构；然后让读者掌握图形化编程软件的使用方法；其次，让读者掌握单片机的整个开发流程和使用的工具。再次，本项目介绍利用单片机对 LED 进行闪烁和流水控制的方法，让读者掌握 LED 的工作原理、单片机 I/O 端口的使用方法，以及单片机开发中经常使用到的 C 语言知识。最后，本项目通过按键控制花样霓虹灯的任务实施，将所有知识点串接起来。

➡ 任务 1.1 点亮第一个 LED

教学导航

知识目标
- 了解单片机的概念。
- 熟悉单片机应用系统。
- 熟悉单片机的内部结构。
- 掌握图形化编程软件的基本使用方法。

技能目标
- 能够正确操作图形化编程软件。
- 能完成程序编译及程序下载。
- 能完成点亮一个 LED 的电路连接。

重点、难点
- 单片机的内部结构和系统组成。
- 图形化编程软件的基本操作步骤。
- 程序编译及程序下载。

◆ 任务描述、目的及要求

通过使用在线仿真平台或对米思齐软件基本操作步骤的学习，掌握 Arduino 单片机开发环境，掌握图形化编程的基本技巧。了解程序编译及程序下载的方法，能够完成点亮第一个 LED 的程序编译、下载和调试。

☀ 电路设计

如果手头没有单片机实物，则可以使用离线仿真软件（如 Linkboy 或 Proteus 软件），也可以访问在线仿真平台（如 Tinkercad、Wokwi 网站），进行实验电路搭建和在线仿真。本实验比较简单，采用高电平点亮 LED 方法：LED 阴极接电源负极，LED 阳极接单片机控制引脚。为了保护 LED，采用一个限流电阻，LED 阳极通过限流电阻再接到单片机控制引脚，这样当控制引脚为高电平时，LED 被点亮。在线仿真平台搭建实验电路如图 1-1-1 所示。

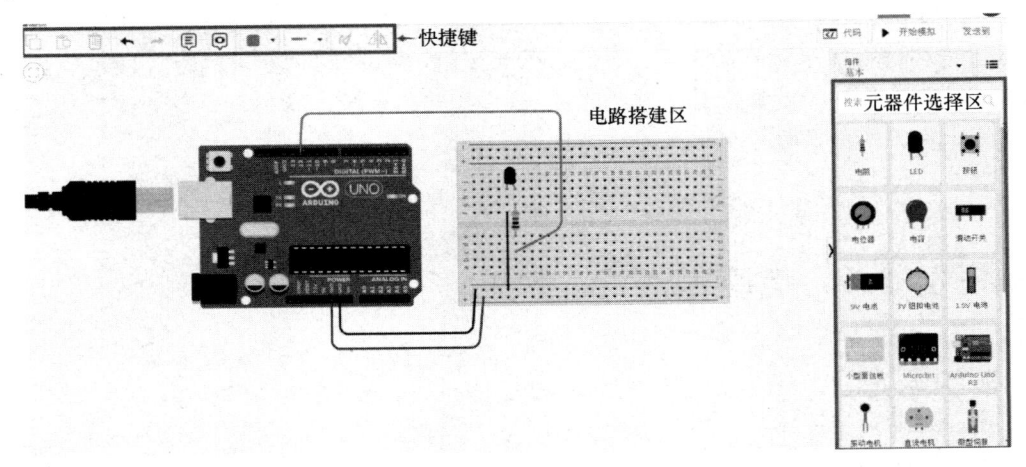

图 1-1-1　在线仿真平台搭建实验电路

为了方便搭建实验电路、省去焊接烦恼，可以使用面包板连接电路和电子元器件。面包板内部结构示意图如图 1-1-2 所示，窄条下方有平行的铜/铝条，即每一行是通电导通的，

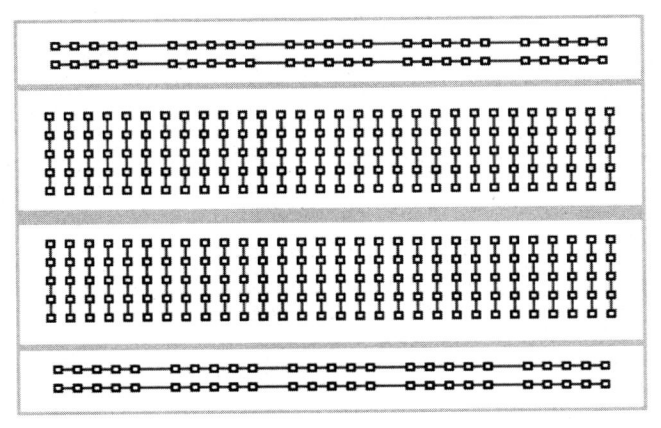

图 1-1-2　面包板内部结构示意图

宽条每一列下方有铜/铝条，即每一列通电导通，中央凹槽隔断上下两列，即宽条上下列之间不导通。用户使用面包板可快捷地搭建实验电路，省去了焊锡工艺流程。使用鼠标左键从元器件选择区中拖曳出 Arduino Uno R3 和小型面包板，使用同样方法拖曳出 LED 和限流电阻，可以通过单击相应快捷键改变 LED 颜色或限流电阻的阻值，通过按键盘"R"键或单击上方旋转快捷键来进行元器件的旋转。

程序设计

为降低学习难度，建议初学者可以先采用图形化编程软件。

1. 在线仿真平台程序设计

以 Tinkercad 仿真平台为例，使用电子邮箱进行免费注册，并使用电子邮箱登录后，进入在线仿真初始界面，选择"设计"目录下的"电路"选项，进入单片机在线开发仿真环境，如图 1-1-3 所示。

图 1-1-3　Arduino 单片机在线仿真平台选项

搭建好实验电路，可以单击"代码"按钮，进入仿真编程环境，如图 1-1-4 所示，仿真代码编程区下方为通信串口监视器输出区域。

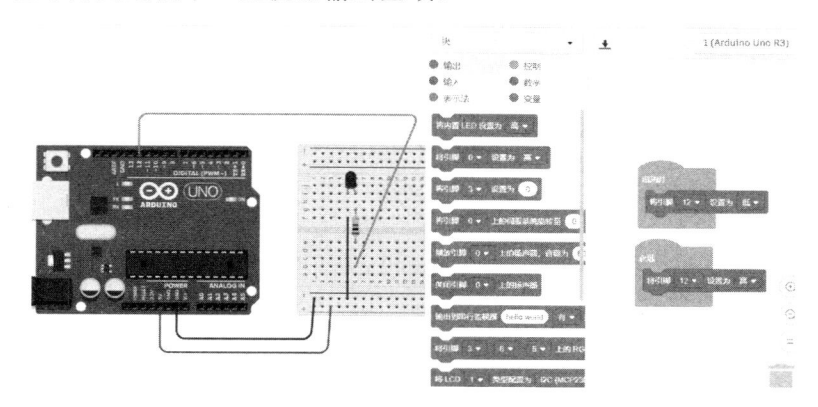

图 1-1-4　仿真编程环境

在线仿真平台既可以采用图形化编程，也可以采用文本编程的模式。本书推荐初学者先采用图形化编程，即单击"代码"按钮，采用"块"模式。这里积木块"启动时"表示只运行一次，作为程序的初始化条件。初始化将 LED 连接的引脚设为低电平，即初始状态 LED 处于熄灭状态。而积木块"永远"表示不停往复运行，是主程序。这里让 LED 点亮（保持点亮状态），因此将连接 LED 的引脚设定为高电平。如果你有单片机和相应的电气元件，则可以使用米思齐软件进行图形化编程。

2. 使用米思齐软件结合单片机实物程序设计

请读者在米思齐官网下载软件，软件有在线版和离线版两个版本，推荐下载并使用离线版本。离线版本不需要安装，直接解压缩就可以运行。

（1）启动米思齐软件。

米思齐 2.0 开始支持多种开发板和开发语言。打开米思齐软件，如图 1-1-5 所示。这里选择 Arduino AVR 开发板，进入图形化编程集成开发环境。

图 1-1-5 米思齐启动开发板选择界面

米思齐软件的初始界面有 3 个区域，如图 1-1-6 所示。最上边和最左侧都是菜单区，该区域包含基本的编程操作指令和对象。中间是程序编辑区，最下面是输出区。

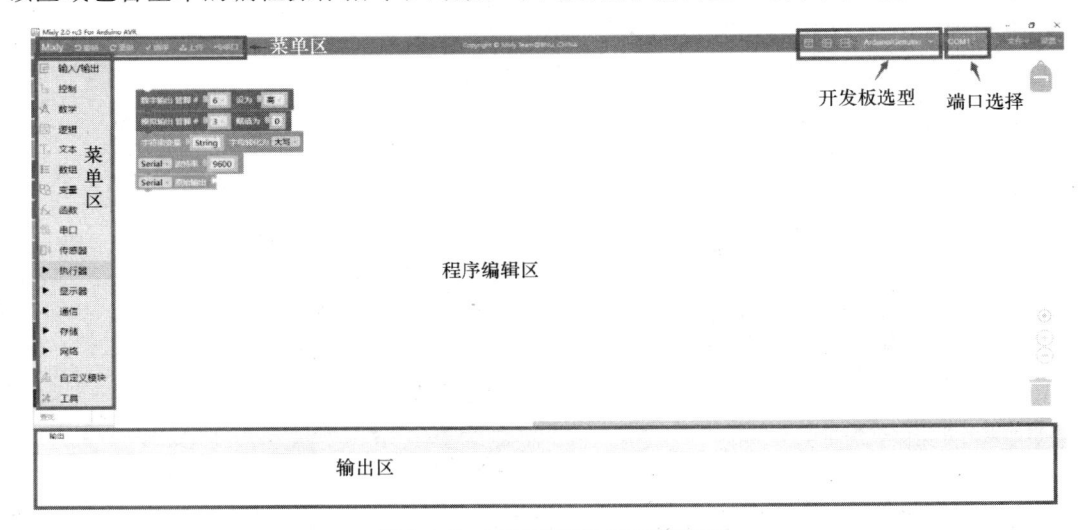

图 1-1-6 米思齐软件的初始界面

(2) 新建工程文件。

单击右上方的"文件"菜单，选择新建一个文件。可以新建一个编程文件，在编程之前先要选择与实物相同的开发板，如图 1-1-7 所示，这里选择 Arduino/Genuino Uno 开发板（需和自己的开发板型号保持一致），并选择与自己的计算机一致的端口，这里显示的 COM1 可能与实际的计算机端口不一致。

(3) 进行图形化编程。

米思齐图形化编程和 Tinkercad 图形化编程方法类似，其界面如图 1-1-8 所示。采用鼠标拖曳模式即可完成图形化编程，详细操作可以参看本书配套视频。

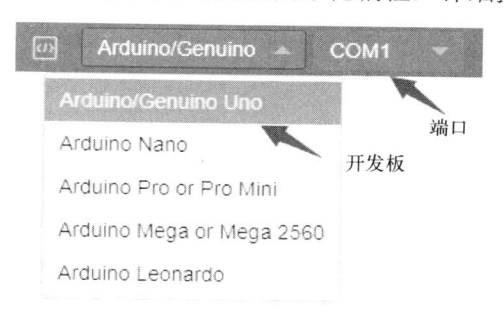

图 1-1-7　开发板选型与端口选择界面

图 1-1-8　米思齐图形化编程界面

3. 程序编译及程序下载

（1）程序编译。使用高级语言编写的源文件不能直接被下载到单片机中，而需要转换成单片机能够识别的十六进制的 HEX 文件，这个过程就是程序编译。用户只需单击"编译"菜单即可，米思齐"编译"菜单如图 1-1-9 所示。

图 1-1-9　米思齐"编译"菜单

如果出现提示编译成功，则说明源程序编译后没有任何错误及警告，程序编译成功。程序编译后输出结果信息如果提示有错误，就需要对源程序进行修改。

（2）程序下载。编程后要进行程序编译，没有编译错误后选择正确的端口（计算机正确串口号 COM 端）进行程序上传。部分型号 Arduino 单片机没有预装串口驱动程序，则需要单独在计算机上安装串口驱动程序，安装后通过 USB 串口线将单片机和计算机连接好，查看计算机设备管理器里的"通用串口总线控制器"就可以查到正确的 COM 编号。观察实验现象是否和仿真及预期的结果一致。

任务的调试运行

（1）根据电路图连接硬件电路。

（2）在米思齐软件或者在线仿真平台上完成以下 3 步：搭建实验电路、编写单片机程序、调试运行并观察实验结果是否和预期一致。

（3）当源程序编译后提示没有任何错误时，说明程序编译成功，但是在程序编写过程中，难免会遇到出现错误的情况，此时编译就不会通过，需要我们对程序进行调试，改正程序错误直至编译成功。

需要注意的是，图形化编程只是学习辅助过程，尽量缩短这个辅助过程，因为图形化编程的效率是比较低的。

（4）将编译成功的程序下载至单片机中，并观察实验现象。

知识点

1.1.1 电子设计基础

1. 电源

简单的电灯控制电路如图 1-1-10 所示。电流的起点被称为"电源"，电流经过开关加到灯泡上，在灯泡上做功发热，灯泡发光，再返回电源。一个可运行、可靠和可控的电路必须遵循的基本原则是：有电源、开关和负载（灯泡），用导线串联起来，形成从电源正极到负极的电路。

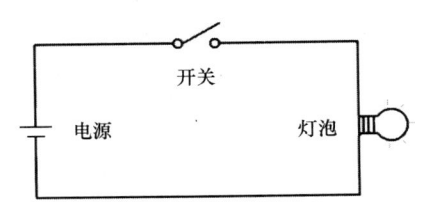

图 1-1-10 简单的电灯控制电路

小型用电设备一般由直流电源供电。电池是一种具有稳定电压和电流，长时间稳定供电的直流电源。电池种类很多，电池电压有 1.5 V、3.7 V、5 V 和 9 V 等，通过电池组合可以提供 12 V 以上的电压。计算机电源是一种将交流电转换为+5 V、−5 V、+12 V、−12 V 和+3.3 V 等稳定的直流电的开关电源变压器。

VCC（volt current condenser）代表电路的供电电压，即电源的正极，也可以直接标注其电压值，如 5 V。

GND（地，ground）代表地线或电源负极，就是公共地的意思，但这个地并不是真正意义上的地，是相对的一个地，它与大地是不同的。

如果考虑整体供电，或者其他需要独立供电的模块，比如电机驱动模块等，则外部模块需要与 Arduino 开发板共地，也就是 Arduino 开发板的电源地与外部模块的电源地需连接在一起，使用同一个参考地。这一点初学者需要特别注意。

2. 电路中信号的分类

电路中的电信号可以分为模拟信号和数字信号两大类。

在数值和时间上都连续变化的信号被称为模拟信号。例如，温度、压力、湿度、流量等连续变化的物理量，都是模拟信号。各种传感器信号转换成标准 0～5 V 连续电压信号，通过 Arduino 模拟引脚输入。

在数值和时间上不连续变化的信号,被称为数字信号,也被称为逻辑信号。例如,开关的通和断、跳变的矩形脉冲信号等就是数字信号。数字信号采用二进制描述状态,即用高电平(5 V)代表逻辑"1",用低电平(0 V)代表逻辑"0",通过 Arduino 数字引脚输出。

这两类信号在处理方法上各有不同。

3. 常用元器件简介

(1)电阻器(resistor,简称电阻)都有一定的阻值。阻值代表电阻对电流流动阻挡力的大小。电阻的单位是欧姆(Ω,简称欧),标记为 R。除了欧姆,电阻的单位还有千欧($k\Omega$)、兆欧($M\Omega$)等,换算关系是千进位。

电阻的电气性能指标通常有标称电阻值、误差和额定功率等。电阻与其他元件一起构成一些功能电路,如限流电路、分压电路等。电阻是一个线性元件,在一定条件下,流经一个电阻的电流(I)与电阻两端的电压(U)成正比,即它符合欧姆定律:$I = U/R$。

电阻有很多种类,有可调电阻(电位器)、光敏电阻、热敏电阻和压敏电阻等。常见电阻符号如图 1-1-11 所示。对于很多传感器,都可以通过测量其电阻值体现其物理量值,如测量光照度的光敏电阻,其特点是电阻值与光照度变化呈比例关系。

图 1-1-11 常见电阻符号

(2)电容器(capacitor,简称电容),顾名思义,是"装电的容器",是一种容纳电荷的元件。电容符号和电容实物图如图 1-1-12 所示。电容所带电荷量 Q 与电容两极间的电压 U 的比值,被称为电容器的电容。在国际单位制里,电容的单位是法拉(F,简称法),标记为 C。由于法拉这个单位太大,所以常用的电容单位有毫法(mF)、微法(μF)、纳法(nF)和皮法(pF)等,换算关系是千进位。

图 1-1-12 电容符号和电容实物图

电容是储能元件,它具有充放电特性和阻止直流电通过、允许交流电通过的性能。在实际电路中,电容有很多用途:用在滤波电路中的电容被称为滤波电容,滤波电容将一定频段内的信号滤掉;用在积分电路中的电容被称为积分电容;用在微分电路中的电容被称为微分电容。

(3)电感器(inductor,简称电感)是能够把电能转化为磁能而存储起来的元件。电感器是由导线绕制而成的线圈,具有一定的自感系数,称之为电感。电感的单位是亨利(H,

简称亨），标记为 L。电感也常用毫亨（mH）或微亨（μH）作单位，换算关系是千进位。

电感对交变电流有阻碍作用，其阻碍大小用感抗（X_L）表示，单位与电阻一样用欧姆表示。感抗与交变电流的频率 f 的关系如下：

$$X_L = 2\pi f L \tag{1-1}$$

电感表示线圈本身固有特性，与电流大小无关，感抗与频率成正比。电感器在电路中主要起到滤波、振荡、延迟等作用，在电路中常用于筛选信号、过滤噪声、稳定电流及抑制电磁波干扰等功能。

（4）二极管（diode）是常用的电子器件之一。它由两个电极组成，一个被称为阳极，另一个被称为阴极。二极管的特点是正向导通，即当阳极接电源正极，阴极接电源负极时，产生正向电压，二极管导通；反之二极管则处于截止状态。二极管一般标记为 D，常用在整流、稳压、恒流、开关、发光及光电转换等电路中。

LED 是半导体二极管的一种，可以把电能转化成光能。LED 与普通二极管一样，也具有单向导电性。当给 LED 加上正向电压后，其产生自发辐射的荧光，常用作信号指示灯、文字或数字显示等。LED 用的材料不同，发光颜色也不同。二极管和 LED 符号如图 1-1-13 所示。LED 的两个引脚中较长的是阳极，短的是阴极。

LED 导通电压一般在 1V 左右，导通电流一般为 10 mA。如果施加的正向电压超过导通电压，则 LED 电流会急剧上升直到损坏。在应用中需要在 LED 电路中串联一个限流电阻来保证其正常工作，如图 1-1-14 所示，如何确定限流电阻阻值？

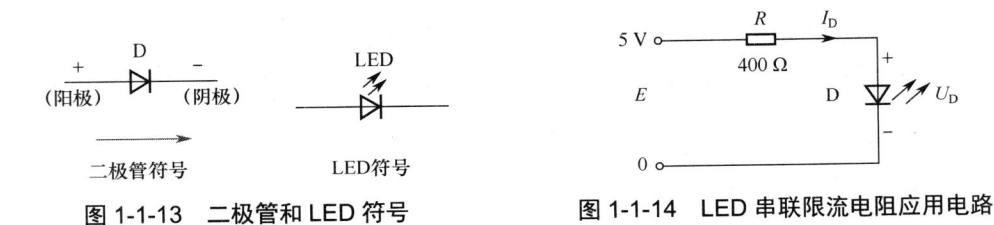

图 1-1-13　二极管和 LED 符号

图 1-1-14　LED 串联限流电阻应用电路

限流电阻计算公式：

$$R = (E - U_D) / I_D \tag{1-2}$$

式（1-2）中，E 是施加的电压，U_D 是导通电压，I_D 是导通电流。如果施加电压是 5 V，U_D 取 1 V，I_D 取 10 mA，则 R 计算值是 400 Ω，实际采用 1 kΩ 也能满足发光要求。

（5）三极管全称应为半导体三极管，也称双极型晶体管、晶体三极管，是常用的电子器件之一。三极管是一种控制电流的半导体器件，其作用是把微弱信号放大成幅度较大的电信号，也用作无触点开关。

三极管按内部结构分为 NPN 型和 PNP 型两种。

三极管有 3 个极：b 是基极，e 是发射极，c 是集电极。三极管具有放大作用，通过控制基极电流 I_b 可改变集电极到发射极的电流 I_{ce}，$I_{ce} = \beta I_b$，β 是三极管的电流放大倍数。小功率三极管的电流放大倍数一般在 100 以上，而大功率三极管的电流放大倍数相对较小。发射极的箭头代表电流方向。

在数字电路中三极管常作为驱动开关，控制大功率电器的供电。采用 NPN 型三极管，在基极与发射极之间施加正向电压，三极管 e、c 之间导通，相当于开关闭合，三极管导通后，灯泡有电流通过，电灯发光。

1.1.2 认识单片机

1. 什么是单片机

随着微电子技术的不断进步，芯片集成度随之大幅提高，使得计算机技术朝着微型化方向不断发展，于是出现了单片微型计算机（single chip microcomputer）。单片微型计算机是指集成在一块芯片上的微型计算机，简称单片机，又被称为微型控制器（micro-controller unit，MCU）。

单片机是一种超大规模集成电路芯片，集成了中央处理器（central processing unit，CPU）、只读存储器（read-only memory，ROM）、随机存储器（random access memory，RAM）、输入/输出（input/output，I/O）接口电路等内部结构。由此可见，单片机在一块小小的芯片上包含了冯·诺依曼所提出的计算机的五大基本部件，所以单片机本身就是一个简单的微型计算机系统。但是，和计算机相比，单片机缺少了输入/输出设备。

同时，单片机具有体积小、价格低、可靠性高、功耗低、易扩展、控制功能强等特点。无论是航空航天领域，还是工业控制领域，以及日常生活中所用的家用电器产品都有它的身影。总的来说，凡是与控制或计算有关的电子设备都离不开单片机。

2. 单片机应用系统

单片机应用系统由硬件和软件两部分组成，如图 1-1-15 所示。硬件指的是看得见摸得着的东西，除了单片机芯片，还包括接口电路及外设等，软件指的是控制程序。单片机的硬件和软件相互依赖，缺一不可。硬件是软件的支撑基础；软件控制着硬件，负责对硬件资源进行合理的调配和使用。只有当硬件与软件进行有机的结合时，才能开发出具有特定功能的单片机应用系统。

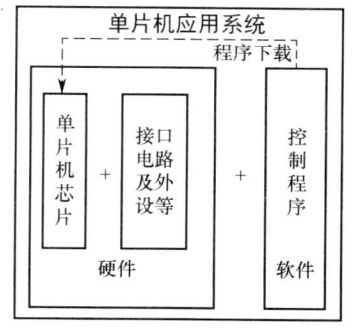

图 1-1-15　单片机应用系统

3. Arduino 单片机

Arduino 的产生是为了满足创意创新的需求。Arduino 是一款便捷灵活、方便上手的开源电子原型平台，包含硬件（各种型号的 Arduino 开发板）和软件（Arduino IDE）。它适用于电子爱好者、艺术家、设计师和对"互动"有兴趣的朋友们。Arduino 能通过各种各样的传感器来感知环境，通过控制灯光、电动机和其他的装置来反馈，实现交互。

（1）使用 Arduino 单片机进行产品开发的优势如下。

① 跨平台。Arduino IDE（集成开发环境）可以在 Windows、macOS、Linux 三大主流操作系统上运行，而其他的大多数控制器只能在 Windows 上开发。

② 简单清晰的开发。Arduino IDE 基于 Processing IDE 开发，对初学者来说，极易掌握，同时有着足够的灵活性。Arduino 语言基于 Wiring 语言开发，是对 AVR-GCC 库的二次封装，用户不需要太多的单片机基础、编程基础，简单学习后，就可以快速地进

行产品的开发。

Arduino 不仅是全球最流行的开源硬件，还是一个优秀的硬件开发平台，更具有硬件开发的趋势。Arduino 简单的开发方式使得开发者更关注创意与实现，更快地完成自己的项目开发，大大节约了学习的成本，缩短了产品开发的周期。

因为 Arduino 的种种优势，越来越多的专业硬件开发者已经或开始使用 Arduino 来开发他们的项目、产品；越来越多的软件开发者使用 Arduino 进入硬件、物联网等开发领域；在大学里，自动化、软件甚至艺术专业，也纷纷开设了 Arduino 相关课程。

用户可以通过 Arduino 编程语言来编写程序，并将其编译成二进制文件，烧录进微控制器。对 Arduino 的编程是通过 Arduino 语言和 Arduino IDE 来实现的。基于 Arduino 的项目，可以只包含 Arduino，也可以包含 Arduino 和其他一些在 PC（个人计算机）上运行的软件，它们之间可进行通信。

（2）Arduino 开发板分类。Arduino 开发板分为入门级、高级类、物联网类、教育类和可穿戴类等五大类。

入门级：Uno、Micro、Nano、Mini 等。

高级类：Mega、Zero、Due 等。

物联网类：Ethernet、Tian 等。

教育类：CTC 101、ENGINEERING KIT 等。

可穿戴类：GEMMA、LILYPAD ARDUINO USB、LILYPAD ARDUINO MAIN BOARD 等。

4．Arduino Mega 2560 单片机简介

以 MCS-Arduino 系列的 80Arduino 单片机为例，其内部功能结构包括 CPU、内部数据存储器 RAM、内部程序存储器 ROM、并行 I/O 口、串行接口、定时/计数器、中断系统、时钟电路。

Arduino Mega 2560 是采用 USB 接口的核心电路板，适合需要大量 I/O 接口的设计。其采用的 CPU 是 ATmega 2560，同时具有 54 路数字输入/输出（其中 15 路可作为 PWM 输出）、16 路模拟输入、4 路 UART 接口、1 个 16 MHz 晶体振荡器、1 个 USB 接口、1 个电源插座、1 个 ICSP header 和 1 个复位按钮。Arduino Mega 2560 也能兼容 Arduino Uno 设计的扩展板。Arduino Mega 2560 适用于较复杂的工程。两款常见 Arduino 开发板性能指标对比如表 1-1-1 所示，用户可根据任务需要和开发板性能指标选择合适的开发板。

表 1-1-1　两款常见 Arduino 开发板性能指标对比

名　称	Arduino Uno 性能指标	Arduino Mega 2560 性能指标
CPU	ATmega 382	ATmega 2560
工作电压	5 V	5 V
输入电压（推荐范围）	7～12 V	7～12 V
输入电压（极限范围）	6～20 V	6～20 V
数字 I/O 引脚	14 路数字输入/输出，其中 6 路可作为 PWM 输出	54 路数字输入/输出，其中 15 路可作为 PWM 输出
模拟输入引脚	6 路模拟输入	16 路模拟输入

续表

名称	Arduino Uno 性能指标	Arduino Mega 2560 性能指标
I/O 引脚的直流电流	40 mA	40 mA
3.3V 引脚的直流电流	50 mA	50 mA
Flash Memory	32 KB	256 KB
SRAM	2 KB	8 KB
EEPROM	1 KB	4 KB
工作时钟	16 MHz	16 MHz
内置 LED 指示灯	连接数字口 13	连接数字口 13

拓展知识点

单片机封装类型主要有以下几类。

1. 双列直插封装（dual in-line package，DIP）

DIP 如图 1-1-16 所示，其外形为长方形，在其两侧则有两排平行的金属引脚，称之为排针。DIP 元件可以焊接在印刷电路板电镀的贯穿孔中，或插在 DIP 插座上。

2. 带引线的塑料芯片封装（plastic leaded chip carrier，PLCC）

PLCC 是贴片封装的一种，这种封装的引脚在芯片底部向内弯曲，因此在芯片的俯视图中是看不见芯片引脚的，如图 1-1-17 所示。这种芯片的焊接采用回流焊工艺，需要专用的焊接设备。

图 1-1-16 DIP   图 1-1-17 PLCC

> ※小知识：芯片表面的小缺口有什么用呢？
>
> 芯片表面上有一个凹进去的半圆缺口，这是芯片的方向标志，用于标示芯片引脚方向。将缺口朝上，缺口左侧最上方的那个引脚就是 1 号引脚，其余引脚以逆时针方向依次数下去。不仅是 Arduino 单片机，大部分芯片表面都有这样一个标记，只是外形不一定是半圆缺口，常见的形状还有圆形、三角形图案或小圆坑等。

3. 四面扁平封装（quad flat package，QFP）

QFP 的芯片引脚之间距离很小，引脚很细，如图 1-1-18 所示。一般大规模或超大规模集成电路采用这种封装形式，其引脚数一般都在 100 以上。其封装外形尺寸较小，寄生参数减小，适合高频应用。

4. 插针阵列封装（pin grid array，PGA）

PGA 的芯片内外有多个方阵形的插针，每个方阵形插针沿芯片的四周间隔一定距离排列，根据引脚数目的多少，可以围成 2～5 圈，如图 1-1-19 所示，安装时，需将芯片插入专门的 PGA 插座。

图 1-1-18　QFP

图 1-1-19　PGA

5. 球阵列封装（ball grid array，BGA）

随着集成电路技术的发展，对集成电路的封装要求更加严格。这是因为封装技术关系到产品的功能性，当频率超过 100 MHz 时，传统封装方式可能产生所谓的"CrossTalk（串扰）"现象，而且引脚数大于 208 时，传统的封装方式有其困难度。因此，除使用 QFP 封装方式外，现今大多数的高脚数芯片转而使用 BGA，如图 1-1-20 所示。

图 1-1-20　BGA

举一反三

想一想：生活中我们会见到 RGB 三色灯，如何让 RGB 三色灯按照一定规律点亮？能否通过后续课程学习找到答案？

任务小结

单片机是一块集成电路芯片，也是一个微型计算机系统。Arduino 单片机作为控制中心来控制电路电流通断，起到了中央控制中心的作用。本任务介绍单片机图形化编程的基本方法，以及在线仿真平台实验电路搭建的基本方法。建议读者根据需求搭建实物电路，并编写控制程序，将程序下载至单片机中，让其实现不同的功能，以此实现软件与硬件的有机融合。

扫描二维码观看本任务教学视频。

任务 1.1 教学视频

任务 1.2 LED 闪烁控制

教学导航

知识目标
- 熟悉单片机引脚的分类及功能。
- 熟悉 LED 的工作原理。
- 掌握单片机引脚的控制方法。

技能目标
- 能完成对单片机并行 I/O 口引脚高、低电平的输出设定。
- 能够实现对 LED 亮、灭及闪烁的控制。
- 能完成 LED 闪烁周期调节。

重点、难点
- 变量概念、LED 闪烁周期调整。
- 单片机 I/O 口引脚的控制方法。

任务描述、目的及要求

编写相应的程序，逐一实现 LED 的亮、灭、闪烁状态，通过代码调试改变 LED 的闪烁周期并观察实验现象。

电路设计

电路设计和任务 1.1 相同，即将 LED 阳极经过限流电阻与 VCC 相连，并将 LED 阴极与单片机的 12 引脚相连。

程序设计

在 Tinkercad 网站采用图形化编程模式，LED 闪烁图形化编程如图 1-2-1 所示。需要改变 LED 亮灭时间间隔，可以增加一个变量，变量是指值可以改变的量，是单片机内存中的一个存储区域，该区域的数值可以在同一类型范围内不断变化。

单击"创建变量"，在输入框中输入变量的名称，如"间隔时间"，然后将其拖入等待时长的积木块中即可，在初始积木块中设定这个变量的初始值就可以实现不同间隔时长的 LED 亮灭效果。有了这个变量就很容易修改亮灭的时间间隔，例如，将图 1-2-1 中间隔时间改为 2000 ms，则闪烁时间间隔就变为 2 s，这就是变量的奇妙之处。

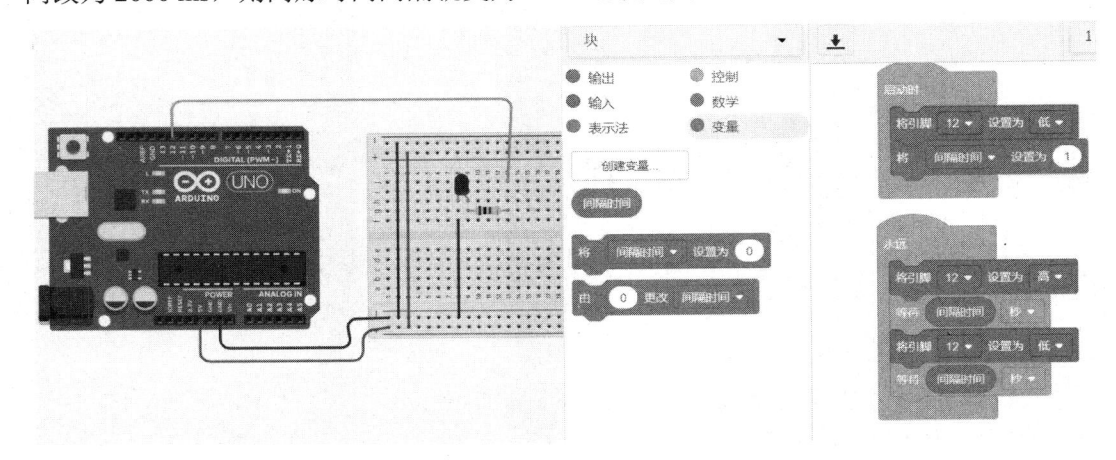

图 1-2-1　LED 闪烁图形化编程

任务的调试运行

（1）根据任务要求搭建电路。
（2）编写代码，依次实现 LED 亮、灭、闪烁状态。
（3）将程序编译下载至单片机。
（4）观察实验结果，看是否符合任务要求。
（5）修改延时函数的实参值，用于调节 LED 闪烁周期。

知识点

1.2.1　Arduino 单片机外部引脚

Arduino 是一个基于单片机二次开发的平台，其核心部件自然是微控制器，也称单片机（单片微型计算机），是一种将 CPU、内存（RAM、ROM）、输入/输出端口（I/O）、定时器等主要计算机功能部件集成在一块电路芯片上的完善的微型计算机系统。Uno 开发板采用的单片机型号为 ATmega328P，当然，单片机型号众多，但其核心内容无太大区别，只要性能跟得上，选择还是很广泛的。Arduino 单片机引脚如图 1-2-2 所示。

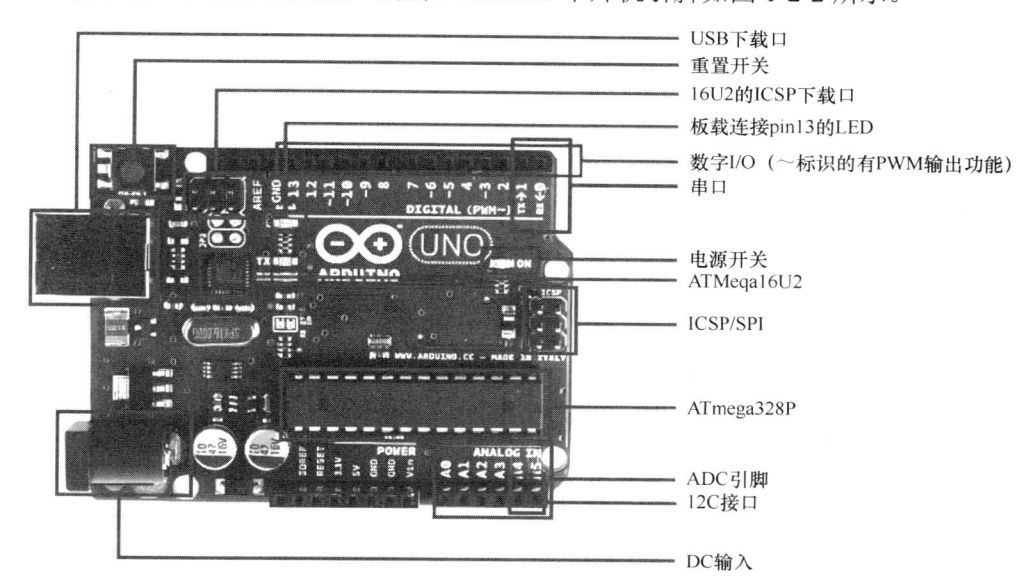

图 1-2-2 Arduino 单片机引脚

1. Arduino 单片机主要引脚简介

（1）电源接口。Arduino Uno 开发板的供电方式有以下 3 种。

① 通过直流（DC）电源接口供电。开发板的供电范围为 5～20 V，但为了避免稳压芯片过热或供电不足，建议控制在 7～12 V。

② 开发板通过 USB 接口与计算机相连时，计算机可为开发板提供 5 V 电压及 500 mA 工作电流。

③ 通过电源接口的 VIN 引脚输入。与 DC 电源接口一样，输入电压也建议在 7～12 V，接线时，电源正极与 VIN 引脚间需要连接一个具有极性保护的二极管，负极则与电源接口处的 GND 引脚相连。另外，输入电源需要稳压，否则非常容易损坏开发板。

5 V、3.3 V：用于为外部组件提供 5 V 和 3.3 V 两种不同规格的稳压电源。

（2）RESET：复位引脚。当有输入令其为高电平状态时，将主板复位，功能与复位按钮相同。

（3）数字量输入/输出端口。数字量是由 0 和 1 组成的信号，其数据值由高电平（1）与低电平（0）决定。Uno 开发板自身提供 20 个数字引脚（D0～D19），但 D14～D19 这 6 个引脚一般作为模拟量输入引脚使用。另外，部分引脚还可用作其他功能。

当数字引脚用于输出信号时，通过设置为 5 V 或 0 V，对应 1 与 0 两种信号的输出。当用作输入信号时，由于电压由外部设备提供，这一输入电压允许范围为 0～5 V。但为了保证逻辑关系正确，输入高电平（1）时输入电压应尽量接近 5 V，输入低电平（0）时输入电压应尽量接近 0 V。

（4）PWM 输出端口。带有～的引脚（3、5、6、9、10、11），均可输出 PWM 信号，即脉冲信号。常见应用有直流电机的速度控制、LED 的亮度控制等，这部分内容会在后续内容中有详细介绍。

（5）串行通信。引脚 0 与引脚 1 分别可用作串行通信时的 RXD（receive，接收）及 TXD（transport，发送）。常见通过 USB 转 TTL 线，与其他设备进行连接通信。实际上，开发板通过 USB 接口与计算机连接，就是串行通信的一种。

（6）SPI 通信端口。SS/MOSI/MISO/SCK 引脚是 SPI 通信的专用引脚，在开发板上位于数字引脚 D10~D13 与 ICSP 接口上。SPI（serial peripheral interface，串行外设接口）是一种串行数据协议，由微控制器用来与总线中的一个或多个外部设备进行通信。在 SPI 总线上，总是有一个设备表示为主设备，其余所有设备都表示为从设备，在大多数情况下，微控制器是主设备。各引脚功能如下。

SS：slave select，从设备选择，确定主设备当前与哪个设备进行连接通信。

MOSI：master output/slave input，主设备输出从设备输入，即主设备向从设备发送数据的线路。

MISO：master input/slave output，主设备输入从设备输出，即从设备向主设备发送数据的线路。

SCK：serial clock，由主设备生成的用于同步数据传输的时钟信号。

ICSP 接口具有 6 个引脚，一般面板上会通过一个白点来标识一号引脚。

（7）模拟量输入引脚。Uno 开发板具有 6 个模拟量引脚（A0~A5），它们也可作为数字量引脚使用。需要注意，一般默认基准电压同时也是单片机在转换时所能承受的最高电压，若对该开发板的模拟量引脚接入 5 V 以上的输入电压，则会对单片机造成损坏，因此在使用开发板时，还是需要先了解它的基准电压值。另外，基准电压可通过位于数字量端口的 AREF 引脚接入外部基准源往下调整，以获得更高的精度。

由于 Arduino 的电压输出只有固定几种，所以不能直接输出模拟电压，但可通过 PWM（脉宽调制）的方式输出脉冲信号，经处理后获得所需要的等效模拟信号。

※小知识：什么是上拉电阻和下拉电阻？

上拉电阻：将一个不确定的信号，通过一个电阻与电源 VCC 相连，固定在高电平。上拉是对器件注入电流，即灌电流。当一个接有上拉电阻的 I/O 端口设置为输入状态时，它的常态为高电平。

下拉电阻：将一个不确定的信号，通过一个电阻与地 GND 相连，固定在低电平。下拉是从器件输出电流，即拉电流。当一个接有下拉电阻的 I/O 端口设置为输入状态时，它的常态为低电平。

上拉电阻和下拉电阻共同的作用是：避免电压的"悬浮"造成电路的不稳定。

2．引脚第二功能

因为单片机能和外设通信的引脚太少了，难免会出现不够用的情况，为了解决这个问题，可以赋予某些引脚第二功能。也就是说，一般情况下引脚可以作为通用 I/O 引脚使用，特殊情况下，它也可以实现第二功能。

部分引脚的第二功能如表 1-2-1 所示。当使用引脚的第二功能时，不能把引脚当作通用 I/O 引脚使用。

表 1-2-1 部分引脚的第二功能

第 一 功 能	第 二 功 能	第二功能说明
D0	RXD	串行数据接收
D1	TXD	串行数据发送
D2	INT1	外部中断 1 请求输入端
D3	INT2	外部中断 2 请求输入端

1.2.2 LED 的工作原理

LED 具备单向导电性。单向导电性指的是电流只能从二极管的正(阳)极流向负(阴)极，此时 PN 结正向导通，LED 发光；如果电流从二极管的负极流向正极，则 PN 结反向截止，LED 熄灭。

普通直插式 LED 的工作电流在 3 mA 到 20 mA 之间，而贴片式封装 LED 所需要的电流更小。通常情况下，电流越大，LED 发光亮度也就越强。但是需要注意的是，流经 LED 的电流不宜过大，否则会造成 LED 烧毁。所以在电路中 LED 和电源之间会串联一个电阻，称之为限流电阻，它的作用是限制回路中的电流大小，使得流经 LED 的电流在一个合适的范围内，常用的限流电阻阻值在 200 Ω 至 1 kΩ 之间。直插式封装 LED 如图 1-2-3 所示，贴片式封装 LED 如图 1-2-4 所示。

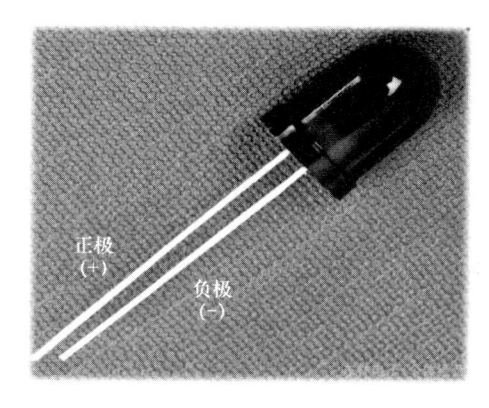

图 1-2-3 直插式封装 LED

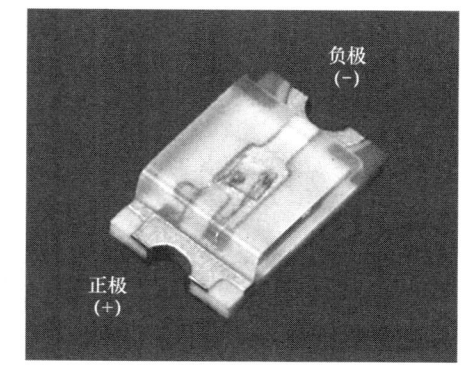

图 1-2-4 贴片式封装 LED

拓展知识点

蜂鸣器是一种常用的电子器件，它的发声原理是电流通过电磁线圈，使电磁线圈产生磁场来驱动振动膜发声，因此蜂鸣器需要一定的电流才能发声。

蜂鸣器从结构上分为有源蜂鸣器和无源蜂鸣器，两者的区别在于有没有自带振荡源。有源蜂鸣器只需要通电就能发声，而无源蜂鸣器除了需要通电，还必须是方波信号才能驱动发声，信号频率一般为 2~5 kHz。

参考 LED 电路来搭建单片机与蜂鸣器实验电路图(略)，在蜂鸣器和单片机引脚之间

Arduino 单片机实战

应有一个 PNP 型三极管（用于放大电流、提高引脚驱动能力）。因为单片机引脚自身的灌电流很小，最大也就十几毫安，根本不够驱动蜂鸣器，所以需要外接三极管以放大电流。实验所用蜂鸣器为无源蜂鸣器，当单片机引脚输出低电平时，三极管导通，电流流过蜂鸣器，当单片机引脚输出高电平时，三极管截止，没有电流流过蜂鸣器，高低电平来回切换形成的方波信号用于驱动无源蜂鸣器发声。

> ※小知识：如何调节蜂鸣器的音量和音调？
> 如果想要调节蜂鸣器的音量，则可以通过改变驱动信号电平占空比来实现。电平占空比就是高电平持续时间与信号周期的比值，占空比越大，音量也就越大。这种技术被称为脉宽调制技术（PWM），它的具体原理在项目 2 中会有讲解。如果想调节蜂鸣器的音调，则可以通过改变驱动信号的频率来实现，频率越高，音调越高。

举一反三

"SOS"是国际摩尔斯电码救难信号，特点是三短三长三短，光线发射方法为：短光—长光—短光，反复循环。能否用你所学知识，制作一个能发出"SOS"救难信号的光发射器？

任务小结

本次任务所需知识点包含 Arduino 单片机引脚的分类和作用、LED 工作原理、变量的定义和作用。同时，读者通过对 LED 闪烁控制的代码编写，为后续控制含 8 个 LED 的流水灯打下基础。

扫描二维码观看本任务教学视频。

任务 1.2 教学视频

▶ 任务 1.3 按键灯设计与实施

教学导航

知识目标
- 了解 C 语言的结构和特点。
- 熟悉 C 语言的数据类型、运算符及基本语句。

- 熟悉分支语句的使用方法。
- 熟悉按键的工作原理和按键状态的识别方法。
- 熟悉按键消抖的基本方法。

技能目标
- 能够正确使用分支语句。
- 能够正确识别按键状态。

重点、难点
- 按键状态的识别方法。
- C 语言的结构和特点。
- 分支语句的使用方法。

任务描述、目的及要求

单片机上电后，LED 是熄灭状态，利用按键去控制 LED 的亮灭状态。

电路设计

单片机与按键实验电路搭建如图 1-3-1 所示。LED 连接电路参照任务 1.1，这里要检测按键是否被按下，故将按键用类似方法串联一个 1 kΩ 的限流电阻，使用单片机 7 号引脚探测按键是否导通，当按键导通时，限流电阻上方是高电平，否则为低电平。当 7 号引脚为高电平时，用单片机 8 号引脚去控制 LED 通断状态。

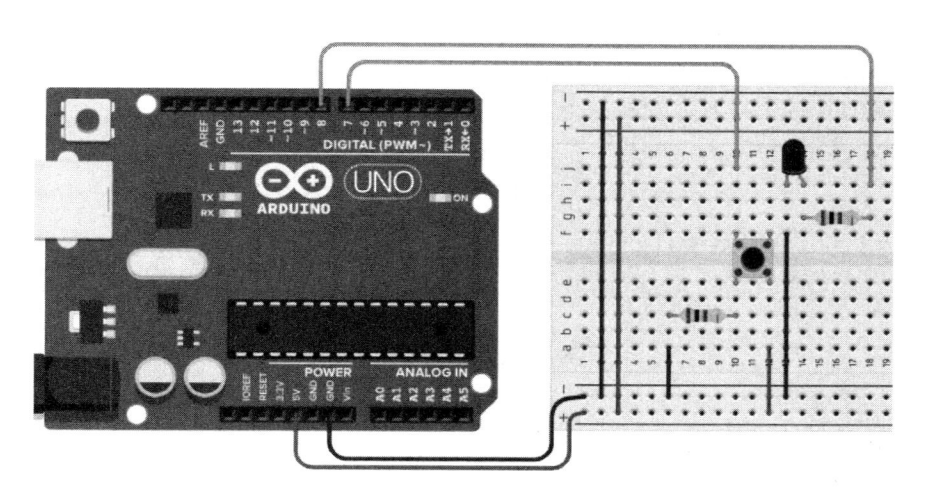

图 1-3-1 单片机与按键实验电路搭建

程序设计

这里可以借助图形化编程进行程序的编写，如图 1-3-2 所示：使用鼠标将需要的程序积木块拖曳到需要的区域，这里"="是逻辑判断（关系运算符），即判断等号左右两侧变量或常量是否相等，如果相等则让 8 号引脚置为高电平，即点亮 LED，否则让 8 号引脚置为低电平，即熄灭 LED。

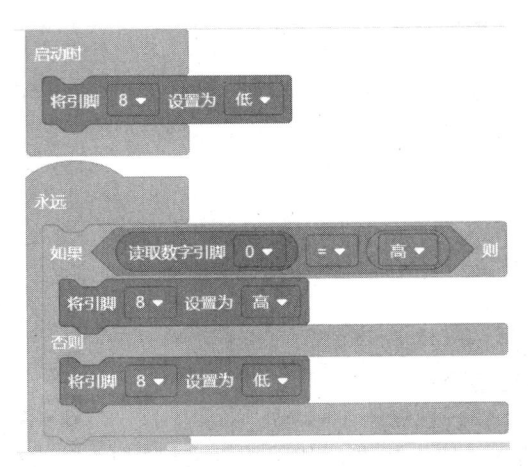

图 1-3-2　按键灯图形化编程

单击"代码"按钮，在弹出的"编辑模式"对话框中有以下 3 种模式可供选择。

（1）"块"模式：图形化编程，采用积木块方式来编写程序。

（2）"块+文本"模式：程序编辑区会分成两部分，左侧是图形化编程，右侧对应的是高级 C 语言代码，初学者可以对照学习，快速掌握如何使用 C 语言编写程序代码。

（3）"文本"模式：程序编辑区只能输入 C 语言来编写程序，这样编程的效率更高，也便于今后开展其他类型单片机的开发与调试。

这里将"块"模式切换成"文本"模式，就可以使用 C 语言等编写程序代码。要逐步过渡到使用 C 语言来编写程序，因为这样编程的效率更高，也便于今后开展其他类型单片机的开发与调试。参考程序如下。

```c
void setup()
{
  pinMode(8, OUTPUT);
  pinMode(7, INPUT);
  digitalWrite(8, LOW);
}

void loop()
{
  if (digitalRead(7) == HIGH) {
    digitalWrite(8, HIGH);
  } else {
    digitalWrite(8, LOW);
  }
  delay(10);
}
/*****************************************************************
```

程序代码中 void setup()里面的代码在导通电源时会被执行一次，而 void loop()里面的代码会不断执行。pinMode()是设置引脚的输入或者输出；delay()设置延迟的时间，单位为 ms；digitalWrite（引脚，值）是向对应引脚写入相关的值，这里是数字量写入，只有高低电平，即高电平（HIGH 为 1），或者低电平（LOW 为 0），写入数字 0 或者 1 也行，如果输入英文 HIGH 或者 LOW，则记得一定要大写，否则系统会报错。

**/

任务的调试运行

（1）根据任务要求搭建硬件电路。
（2）编写代码识别按键的状态，编译下载程序，使用按键控制 LED 亮灭。
（3）观察实验结果，看是否符合任务要求。

知识点

1.3.1 按键的工作原理

1. 按键电路原理

按键按照结构原理可分为两类，一类是触点式开关按键，如机械式开关、导电橡胶式开关等；另一类是无触点式开关按键，如电气式按键、磁感应按键等。前者造价低，后者寿命长。目前，微型计算机系统中最常见的是触点式开关按键。

触点式开关按键也被称为弹性按键，共有 4 个引脚。1、4 引脚为一组，且 1、4 引脚内部是连通的；2、3 引脚为一组，且 2、3 引脚内部是连通的。按键实物图如图 1-3-3 所示。

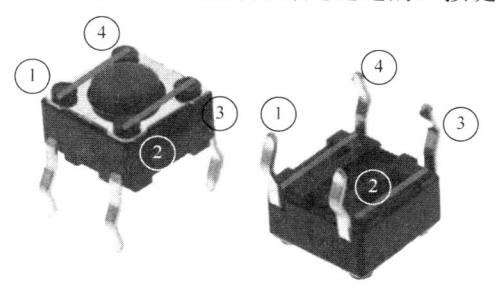

图 1-3-3 按键实物图

需要注意的是，弹性按键的 4 个引脚间的距离并不相等，1、4 引脚间的距离长于 1、2 引脚间的距离，2、3 引脚间的距离长于 3、4 引脚间的距离，因此可以称 1、4 引脚或 2、3 引脚为长边，1、2 引脚或 3、4 引脚为短边。而在长边上的两个引脚内部都是连通的，在短边上的两个引脚内部是断开的。

根据按键实物图可以画出相应的结构简化图，如图 1-3-4 所示。假如选择将 1、3 引脚接入电路中，2、4 引脚悬空。当按键被按下时，电流经 1 引脚，流过按键触点闭合处，再由 3 引脚流出，电路导通。当松开按键时，触点在弹力作用下自动抬起，电路断开。

在电路原理图中，我们习惯只标出按键的 2 个引脚。按键的电路符号如图 1-3-5 所示，按键的一端选择 1 或 4 引脚，另一端选择 2 或 3 引脚即可。

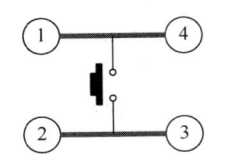

图 1-3-4 按键结构简化图　　　图 1-3-5 按键的电路符号

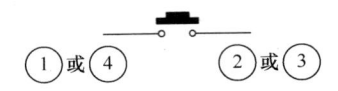

在单片机系统中，按键的一端与单片机引脚相连，另一端通过限流电阻接地。使用单片机 7 号引脚探测按键是否导通，当按键导通时，限流电阻上方是高电平，否则为低电平。

2. 按键消抖

弹性按键由于内部机械触点的弹性作用，在被按下或松开时通常会有一段时间的机械抖动，过一小段时间后才能稳定。如图 1-3-6 所示，在触点抖动期间多次出现高、低电平，如果正好在该期间进行状态判断，则很有可能出现误判的情况。按键抖动时间一般很短，大概是 10 ms 左右。

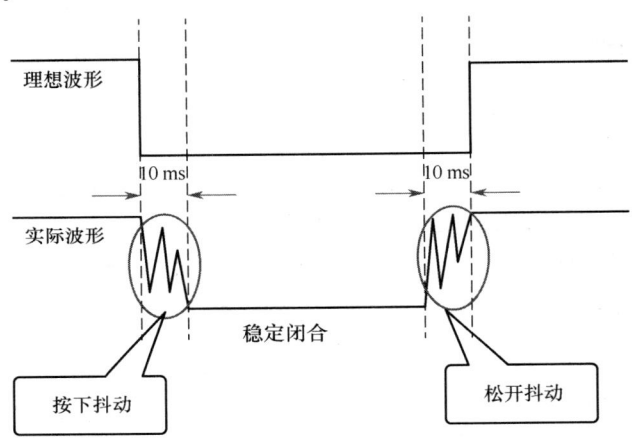

图 1-3-6 按键波形

一般情况下，可以调用延时函数进行按键消抖。例如，判断按键是否被按下：当引脚第一次出现低电平后，调用 10～20 ms 的延时函数，以跳过按键抖动区域，在这段时间里触点上的信号从抖动变为平稳；然后第二次判断引脚是否为低电平，如果仍然为低电平，则可以认为按键真正地被按下了，如果第二次读到的状态不是低电平，则说明刚才的第一次低电平是抖动或者干扰造成的。

具体实现代码如下。

```
delay(10)        //消除抖动
```

这种利用延时函数消抖的方式被称为软件消抖，该方法操作方便、原理简单。此外，还有硬件消抖，也就是利用硬件电路来消除抖动，这种方法使用的电路较为复杂，需要添加额外的电子元器件。

1.3.2　C 语言的基本结构

Arduino 单片机采用类似于 C 和 C++ 的编程语言，下面先介绍 C 语言的基本结构。C

语言程序一般由一个或若干函数组成，必须有（且仅有）一个名为 main() 的函数，称其为主函数。C 语言程序的结构如图 1-3-7 所示。程序的执行就是从主函数开始的，不管所有函数的排列顺序如何，最终都在主函数中结束。

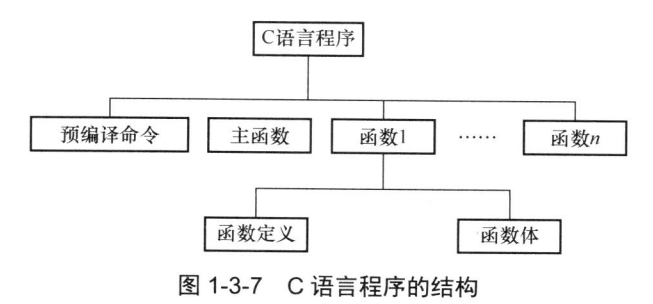

图 1-3-7　C 语言程序的结构

C 语言程序的一般形式如下。

```
预处理命令序列
void main()
{
    变量定义序列
    执行语句序列
}
```

其中：

预处理命令序列：与程序相关的预处理文件。

变量定义序列：声明部分，用来定义程序中所用到的变量。

执行语句序列：程序的执行部分，由若干语句组成，完成对数据的运算及各种处理。

以上预处理命令序列、变量定义序列、执行语句序列等 3 个序列可被称为 C 语言程序结构上的三大区域。这三大区域在程序中的顺序是不可调换的，程序也将按这个顺序执行。

1.3.3　标识符和关键字

1．标识符

和其他高级语言一样，用来标识函数名、变量名、符号常量、数组名、类型名、文件名的有效字符序列被称为"标识符"（identifier），通俗地讲，标识符就是一个名字。

在 C 语言中，标识符的命名规则如下。

（1）有效字符：只能由字母、数字和下画线组成，且以字母或下画线开头。

（2）有效长度：随系统而异，但至少前 8 个字符有效。如果超长，则超长部分被舍弃。

（3）C 语言的预先定义的关键字不能用作标识符。

（4）严格区分大小写。

2．C 语言的关键字

由系统预先定义的标识符被称为"关键字"，它们都有特殊的含义，不能用于其他目的。C 语言中关键字如表 1-3-1 所示。

表 1-3-1　C 语言中关键字

auto	break	case	char	const	continue	default	do
double	else	enum	extern	float	for	goto	if
int	long	register	return	short	signed	sizeof	static
struct	switch	typedef	union	unsigned	void	volatile	while

1.3.4　C 语言数据类型

数据是计算机操作的对象，程序的核心任务就是进行数据处理，而程序中用到的每一个数据都需要指定数据类型。

C 语言数据类型可分为基本数据类型、构造数据类型、指针类型、空类型四大类，如图 1-3-8 所示。C 语言基本数据类型及取值范围如表 1-3-2 所示。

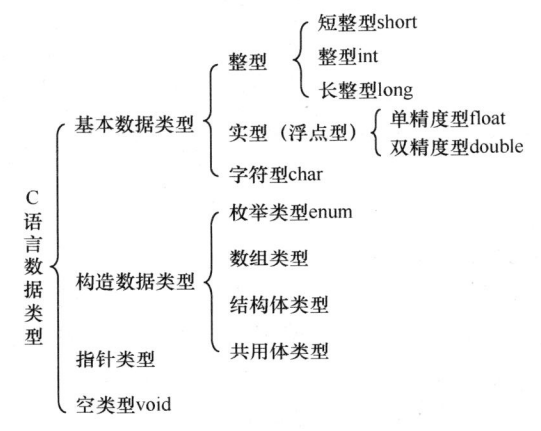

```
             ┌ 基本数据类型 ┬ 整型 ┬ 短整型 short
             │              │      ├ 整型 int
             │              │      └ 长整型 long
             │              ├ 实型（浮点型）┬ 单精度型 float
C 语言数据类型 │              │              └ 双精度型 double
             │              └ 字符型 char
             ├ 构造数据类型 ┬ 枚举类型 enum
             │              ├ 数组类型
             │              ├ 结构体类型
             │              └ 共用体类型
             ├ 指针类型
             └ 空类型 void
```

图 1-3-8　C 语言数据类型分类

表 1-3-2　C 语言基本数据类型及取值范围

类 型	符 号	关 键 字	所占位数	数值范围
整型	有	(signed)int	16	−32 768～32 767
		(signed)short	16	−32 768～32 767
		(signed)long	32	−2 147 483 648～2 147 483 647
	无	unsigned int	16	0～65 535
		unsigned short	16	0～65 535
		unsigned long	32	0～4 294 967 295
字符型	有	char	8	−128～127
	无	unsigned char	8	0～255
浮点型	有	float	32	3.4e−38～3.4e38
	无	double	64	1.7e−308～1.7e308

※小知识：为什么要强制定义数据类型？

（1）不同数据类型占用的内存空间不同。变量定义的时候必须指定数据类型，因为不同数据类型所占用的存储单元数目和存储区域不同。

（2）不同数据类型对应的取值范围不同。例如，整型数据的取值范围和浮点型数据肯定大不相同。

（3）不同数据类型允许的操作不同。例如，整型数据可以有求余运算，而浮点型数据则不能。

1.3.5 运算符与表达式

运算是对数据进行加工的过程，运算符是运算的重要工具，参与运算的数据被称为运算对象或操作数，而由运算符及运算对象组成的、具有特定含义的式子就是表达式。在表达式后面加上";"后，就构成了表达式语句。

C语言运算符如表1-3-3所示。

表1-3-3　C语言运算符

运算符分类	运算符
算术运算符	+ - * / % ++ --
关系运算符	> < == >= <= !=
逻辑运算符	! && ||
位运算符	>> << ~ & | ^
赋值运算符	=
条件运算符	?:
逗号运算符	,
指针运算符	* &
强制类型转换运算符	(类型)
下标运算符	[ ]
函数调用运算符	( )

1. 算术运算符

算术运算符及其运算功能如表1-3-4所示。

表1-3-4　算术运算符及其运算功能

运算符	说明	例子	运算功能
+	加法运算	x+y	求x与y的和
-	减法运算	x-y	求x与y的差
*	乘法运算	x*y	求x与y的积
/	除法运算	x/y	求x除以y的商
%	求余运算	x%y	求x除以y的余数
++	自加1	x++或++x	等价于x=x+1
--	自减1	x--或--x	等价于x=x-1

> ※小知识：x++和++x有什么区别呢？
> x++：先使用变量x的值，再计算x=x+1。
> ++x：先计算x=x+1，再使用变量x的值。
> 例如：
> int x = 10,y;
> y = ++x;   //y=11,x=11
> y = x++;   //y=11,x=12
> x- -和- -x的使用方法与++类似。

2．赋值运算符

赋值运算符"="的作用就是将右边表达式的值赋值给左边的变量。例如，y = x+1。

如果在赋值运算符的前面加上一个其他运算符，就构成了复合赋值运算符，几种常用复合赋值运算符如表1-3-5所示。

表1-3-5　几种常用复合赋值运算符

运算符	例子	等价于
+=	x+=3	x=x+3
-=	x-=3	x=x-3
*=	x*=3	x=x*3
/=	x/=3	x=x/3
%=	x%=3	x=x%3

3．关系运算符

关系运算符是对两个运算对象进行比较，其运算结果为逻辑值，其值只有两种可能：比较结果为"真"时，关系表达式的值为1；比较结果为"假"时，关系表达式的值为0。关系运算符如表1-3-6所示。

表1-3-6　关系运算符

运算符	说明	例子
>	大于	a>b
>=	大于或等于	a>=b
<	小于	a<b
<=	小于或等于	a<=b
==	等于	a==b
!=	不等于	a!=b

4．逻辑运算符

逻辑运算符可以表示运算对象的逻辑关系，对逻辑表达式而言，参加运算的量可以是任何类型的量，在进行判断时将非零值作为"真"，零值作为"假"，而逻辑表达式的结果若为"真",则其值为 1,若为"假",则其值为 0。表 1-3-7 是逻辑运算符及其运算规则的简单介绍,表 1-3-8 是逻辑运算真值表。

表 1-3-7 逻辑运算符及其运算规则

运 算 符	说 明	例 子	运 算 规 则
&&	逻辑与	a&&b	当且仅当两个运算对象的值都为"真"时,运算结果为"真",否则为"假"
||	逻辑或	a||b	当且仅当两个运算对象的值都为"假"时,运算结果为"假",否则为"真"
!	逻辑非	!a	当运算对象的值为"真"时,运算结果为"假";当运算对象的值为"假"时,运算结果为"真"

表 1-3-8 逻辑运算真值表

a	b	!a	a&&b	a||b
真	真	假	真	真
真	假	假	假	真
假	真	真	假	真
假	假	真	假	假

5. 位运算符

所谓位运算,是指对一个数据的某些二进制位进行按位运算。每个二进制位只能存储 1 位二进制数"0"或"1"。C 语言共有 6 种位运算符,如表 1-3-9 所示。

表 1-3-9 位运算符

位运算符	说 明	位运算符	说 明
&	按位与	~	取反
|	按位或	<<	左移
^	按位异或	>>	右移

6. 运算符优先级和结合性

当多种运算符在一起进行混合计算时,一定要注意各运算符的优先级及结合性,常用运算符优先级和结合性如表 1-3-10 所示。

表 1-3-10 常用运算符优先级和结合性

运 算 类 型	运 算 符	优 先 级	结 合 性
括号运算	( )	1	从左至右
逻辑非和按位取反	! ~	2	从右至左
算术运算	+ -	3	从左至右
	* / %	4	从左至右
左移、右移运算	<< >>	5	从左至右
关系运算	< <= > >=	6	从左至右
	== !=	7	从左至右

续表

运算类型	运算符	优先级	结合性
位运算	&	8	从左至右
	^	9	从左至右
	|	10	从左至右
逻辑与	&&	11	从左至右
逻辑或	||	12	从左至右
赋值运算和复合赋值运算	= += -= *= /= %= &= ^= |= <<= >>=	13	从右至左

1.3.6 结构化程序设计

C语言是结构化程序设计语言，结构化程序设计的基本思想是用顺序、选择和循环结构3种基本结构来构造程序。3种结构的流程图如图1-3-9所示。

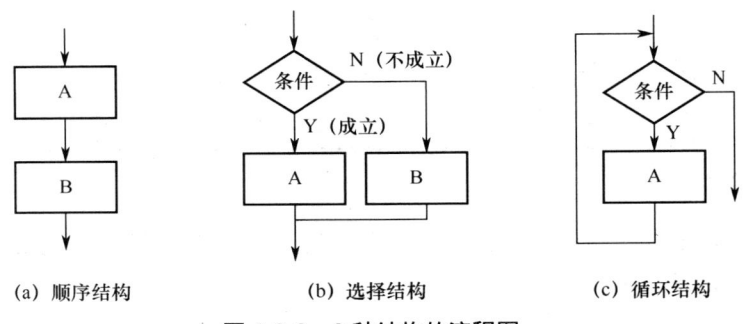

(a) 顺序结构　　(b) 选择结构　　(c) 循环结构

图 1-3-9　3种结构的流程图

1. 顺序结构

顺序结构是最简单的基本结构。在顺序结构中，程序按照各语句出现的先后次序顺序执行，并且每条语句都会被执行到。

2. 选择结构

选择结构又被称为分支结构。在选择结构中，要根据逻辑条件的成立与否，分别选择不同的语句进行处理。

（1）单分支和双分支选择结构。

① 简单if语句。简单if语句的一般格式如下。

```
if(表达式)
{
    语句组;
}
```

当括号内"表达式"结果为"真"时，执行其后的"语句组"，否则跳过该语句组，继续执行下面的语句。

简单if语句流程图如图1-3-10所示。

② if-else语句。if-else语句流程图如图1-3-11所示，其一般格式如下。

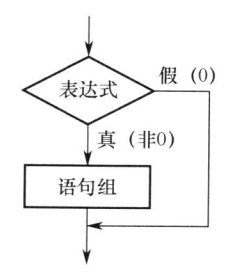

图 1-3-10　简单 if 语句流程图 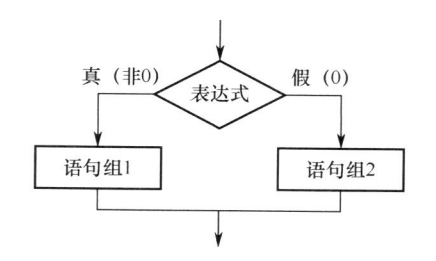　　　　图 1-3-11　if-else 语句流程图

```
if(表达式)
{
    语句组 1;
}
else
{
    语句组 2;
}
```

当括号内"表达式"的结果为"真"时，执行其后的"语句组 1"，否则执行"语句组 2"。

③ 条件运算符与条件表达式。条件运算符是"？："，在某种程度上可以起到逻辑判断的作用，一样可以实现双分支选择结构。条件表达式的一般格式如下。

表达式 1？表达式 2：表达式 3

如果"表达式 1"的结果为"真"，则条件表达式的值为"表达式 2"的值，否则条件表达式的值为"表达式 3"的值。

（2）多分支选择结构。

① if-else-if 语句。if-else-if 语句是由 if-else 语句组成的嵌套，其目的是解决多分支的问题。if-else-if 语句流程图如图 1-3-12 所示，其一般格式如下。

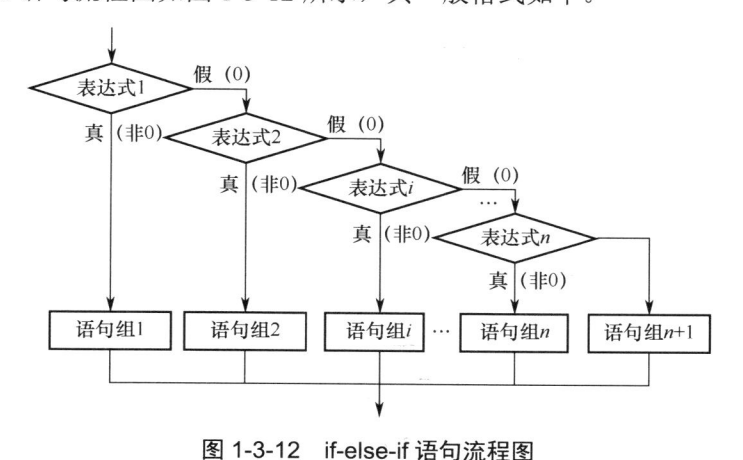

图 1-3-12　if-else-if 语句流程图

```
if(表达式 1)
{
    语句组 1;
```

```
}
else if(表达式 2)
{
    语句组 2;
}
……
else if(表达式 n)
{
    语句组 n;
}
else
{
    语句组 n+1;
}
```

执行该语句时，依次判断"表达式 i"的值，当"表达式 i"的值为"真"时，执行其对应的"语句组 i"，跳过剩余的 if 语句组，继续执行该语句下面的一个语句。如果所有表达式的值都为"假"，则执行最后一个 else 后的"语句组 n+1"，然后继续执行其下面的语句。

② switch 语句。switch 语句是 C 语言中又一种实现多分支选择结构的语句，其一般格式如下。

```
switch(表达式)
{
    case 常量表达式 1:语句组 1；[break];
    case 常量表达式 2:语句组 2；[break];
    ……
    case 常量表达式 n:语句组 n；[break];
    [default:语句组 n+1;]
}
```

该语句的执行过程：首先计算"表达式"的值，并逐个与 case 后的"常量表达式"的值相比较，当"表达式"的值与某个"常量表达式"的值相等时，执行该"常量表达式"后的"语句组"，再执行 break 语句，跳出 switch 语句的执行，继续执行下一条语句。如果"表达式"的值与所有 case 后的"常量表达式"的值均不相等，则执行 default 后的"语句组 n+1"。

省略 break，系统不会报错。如果省略 break，就会穿透执行后面的语句（不管是否能匹配上），直到遇到一个 break 才会跳出，所以不建议省略 break。default 部分也是可选项，可以没有。

> ※小知识：if-else-if 和 switch 语句有什么区别？
> if 既可以做等值判断，也可以做区间判断，且判断的值可以为浮点型。switch 只能做等值判断，不能做区间判断，且判断的值只能为 int 型、char 型或枚举类型。

3. 循环结构

许多实际问题往往需要有规律地重复某些操作,在程序中就表现为某些语句的重复执行,这就是循环。使用循环语句,只需写很少的语句,计算机就会反复执行,完成大量同类计算。

(1) while 语句。while 语句是"当型"循环控制语句,其流程图如图 1-3-13 所示,其一般格式如下。

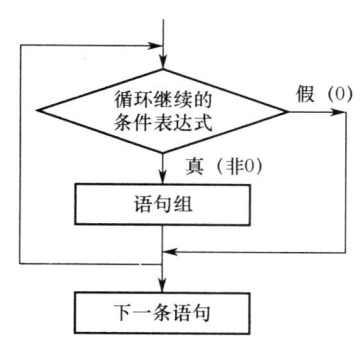

图 1-3-13 while 语句流程图

```
while(表达式)
{
    语句组;
}
```

首先判断"表达式",当"表达式"的值为"真"时,反复执行"语句组",又称其为循环体。当"表达式"的值为"假"时,结束循环结构,继续执行后面的语句。

(2) do-while 语句。do-while 语句用来实现"直到型"循环,其流程图如图 1-3-14 所示,其一般格式如下。

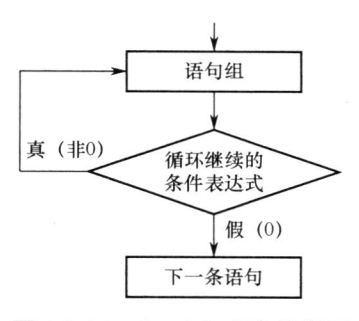

图 1-3-14 do-while 语句流程图

```
do
{
    语句组;
}while(表达式);
```

先无条件执行一次"语句组"(循环体),然后判断 while 的"表达式",当"表达式"的值为"真"时,反复执行"语句组",直到"表达式"的值为"假"为止。

(3) for 语句。for 语句用于实现已知次数的循环,其流程图如图 1-3-15 所示,其一般格式如下。

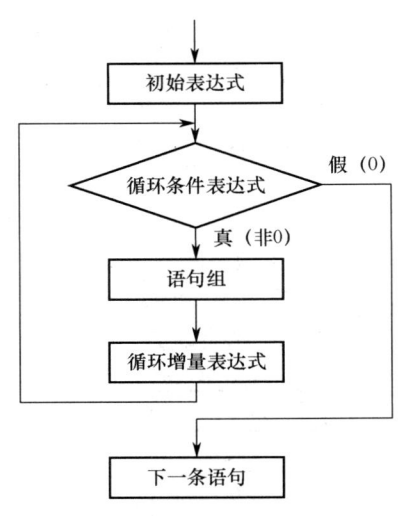

图 1-3-15　for 语句流程图

```
for(初始表达式;循环条件表达式;循环增量表达式)
{
    语句组;
}
```

先执行"初始表达式",给循环变量赋初值,再判断"循环条件表达式",当"循环条件表达式"的值为"真"时,执行"语句组"(循环体),接着执行"循环增量表达式",然后依次判断"循环条件表达式",直到"循环条件表达式"的值为"假"时,循环结束。

> ※小知识:3 种循环语句有什么异同呢?
> 3 种循环语句都可以用来处理同一类问题,一般情况下它们可以相互替代。
> while 和 do-while 的循环变量初始化要放在循环语句之前,在循环体中还应包含循环增量表达式语句。do-while 循环语句至少执行一次,while 循环语句可能一次也不执行。这两种语句一般用于循环次数不确定的情况。
> for 语句本身可以包含循环条件,还可以给循环变量赋初值,也允许省略其中某些部分。如果省略前后两项成为 for(;循环条件表达式;)的形式,则完全与 while(循环条件)的形式等效。for 语句多用于循环次数确定的情况。

举一反三

按键灯使用起来很不方便(当人松开按键时,小灯过一会就熄灭了),能否改进一下思路,实现按一下按键小灯点亮,再按一下按键小灯熄灭,即实现自保持功能。

任务小结

本任务通过按键控制 LED 状态的切换，使读者学习和掌握了弹性按键的工作原理及按键状态识别方法，以及采用按键延时消抖来增加代码的稳定性，并了解了 C 语言程序结构。

扫描二维码观看本任务教学视频。

任务 1.3 教学视频

任务 1.4　流水灯设计与实施

教学导航

知识目标
- 掌握 Arduino IDE 的使用方法。
- 理解 C 语言的结构和特点。
- 熟悉 C 语言的数据类型、运算符及基本语句。
- 掌握单片机 I/O 端口的使用方法。

技能目标
- 能够使用循环赋值方式实现流水灯效果。
- 能根据任务要求正确连接电路。

重点、难点
- C 语言数据类型、运算符及程序循环结构的基本用法。
- 单片机端口赋值和引脚赋值方法。

任务描述、目的及要求

通过单片机端口控制 8 个 LED 按顺序点亮。单片机上电后，先点亮 LED1，此时其余 7 个 LED 全灭，延时一段时间以后，再点亮 LED2，此时其余 7 个 LED 全灭，延时一段时间，以此类推，依次逐个点亮 7 个 LED。当 LED8 亮过以后又从 LED1 开始，循环不止，呈现流水灯效果。

Arduino 单片机实战

电路设计

单片机与 LED 电路连接如图 1-4-1 所示。使用单片机 8 个引脚以控制 8 个 LED，将 8 个 LED 的阴极同时接到 GND 上，LED1~LED8 的阳极分别接到 2~9 控制引脚上。

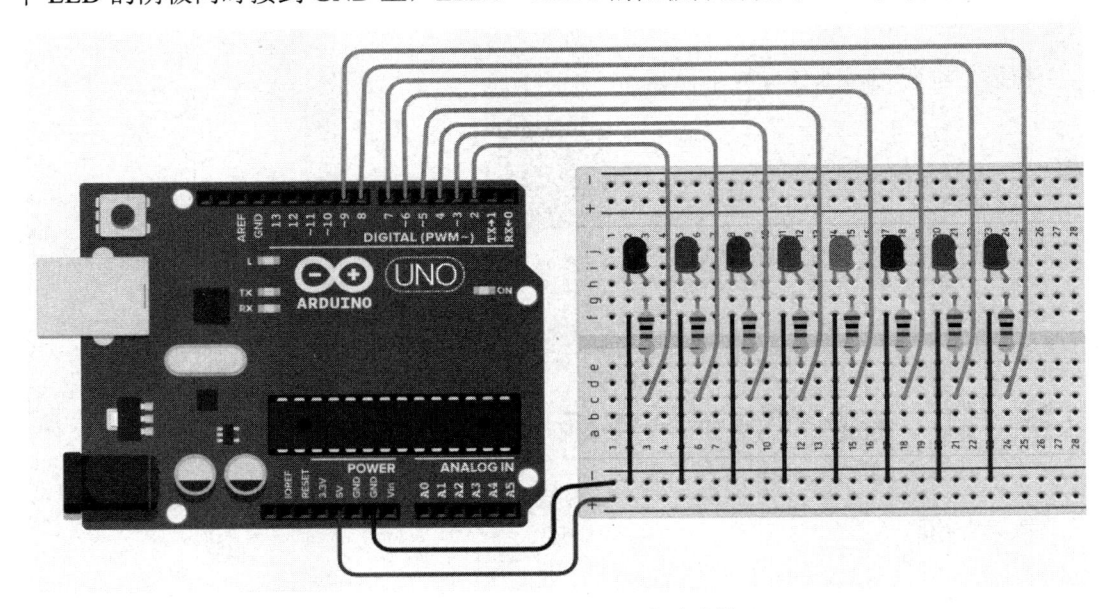

图 1-4-1　单片机与 LED 电路连接

程序设计

```
/***************************************************************
*程　序：8 个 LED 流水灯设计与实施
*功　能：通过单片机端口控制对应 8 个 LED 亮灭，实现流水灯效果
***************************************************************/
void setup()
{
  for(int i=2;i<10;i++)
  {
    pinMode(i, OUTPUT);
    digitalWrite(i, LOW);
  }
}

void loop()
{
    for(int i=2;i<10;i++)
    {
      digitalWrite(i, HIGH);
      delay(1000);
```

```
digitalWrite(i, LOW);
delay(1000);
  }
}
```

任务的调试运行

(1) 根据任务需求搭建实验电路。
(2) 利用循环控制方式实现流水灯效果。
(3) 观察实验结果,看是否符合任务要求。

知识点

1.4.1 Arduino IDE 简介

Arduino IDE 是 Arduino 的开放源代码的集成开发环境,其界面友好,语法简单,并能方便地下载程序,使得 Arduino 的程序开发变得非常便捷。作为一款开放源代码的软件,Arduino IDE 由 Java、Processing、AVR-GCC 等开放源代码的软件写成。Arduino IDE 具有跨平台的兼容性,其适用于 Windows、macOS、Linux。Arduino IDE 安装和使用过程如下。

(1) 从 Arduino 官网下载最新版本 Arduino IDE。选择适合自己计算机系统的安装包,这里以 Windows 的 64 位系统安装过程为例。运行安装程序。
(2) 选择安装选项,一般保持默认安装选项。用户可以自行选择软件安装位置,如图 1-4-2 所示。
(3) Arduino IDE 主界面如图 1-4-3 所示,其常用功能按钮如下。
① 验证:用于检查代码编译时的错误。
② 下载(上传):用于编译代码并且将其下载到选定的开发板中。
③ 新建:用于弹出一个新建项目的窗口,编写新的项目代码。

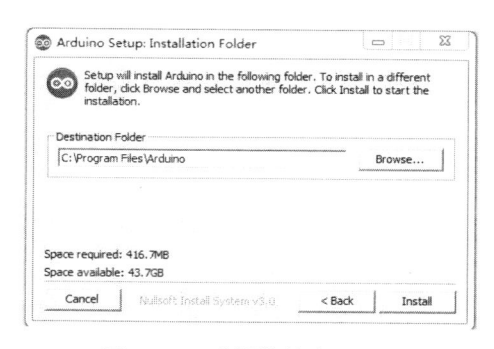

图 1-4-2 选择软件安装位置

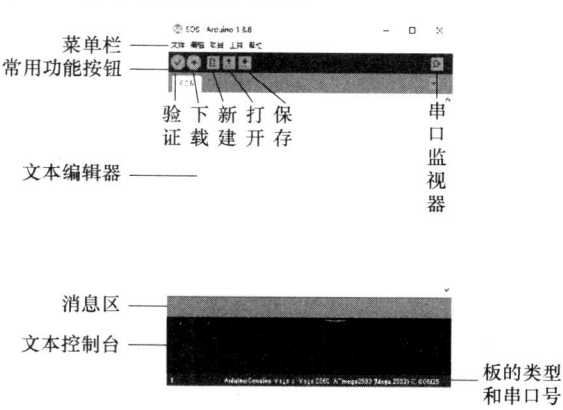

图 1-4-3 Arduino IDE 主界面

④ 打开：用于弹出一个包含项目文件夹中所有项目的菜单，选择其中一个会打开相应的项目，新的项目会覆盖当前的项目。

⑤ 保存：用于保存项目。

⑥ 串口监视器：用于打开串口监视器。

Arduino IDE 采用 C 语言编程，并自带多个应用实例和 C++类库。由于 Arduino IDE 没有调试的功能，所以程序只能下载到开发板上运行，通过 Arduino IDE 提供的串口监视器进行调试。

（4）Arduino IDE 使用方法。使用 Arduino IDE 首先要选择对应的开发板，如图 1-4-4 所示。

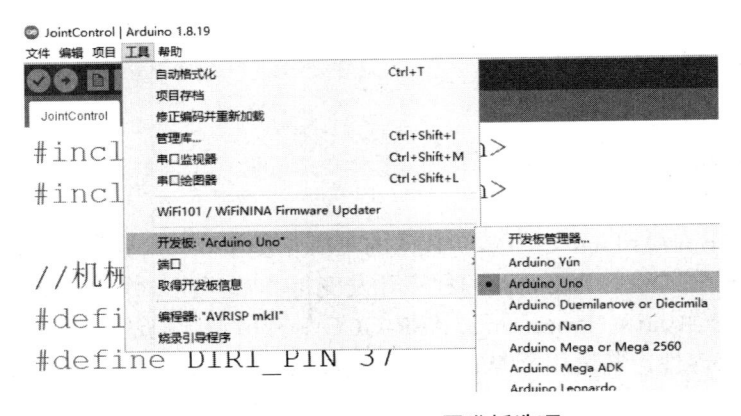

图 1-4-4　Arduino IDE 开发板选项

使用 Arduino IDE，需要将 Arduino 开发板通过 USB 线连接到计算机。这样，计算机会为 Arduino 开发板安装驱动程序，并分配相应的 COM 端口，如 COM1、COM2 等。不同的计算机和系统分配的 COM 端口是不一样的。

在菜单栏中单击"工具"→"端口"命令，进行端口设置，如图 1-4-5 所示，设置为计算机硬件管理中分配的端口；然后，在菜单栏中单击"工具"→"开发板"命令，选择 Arduino 开发板的类型，如 Uno、Due、Yún 等。这样计算机就可以与开发板进行串口通信了。

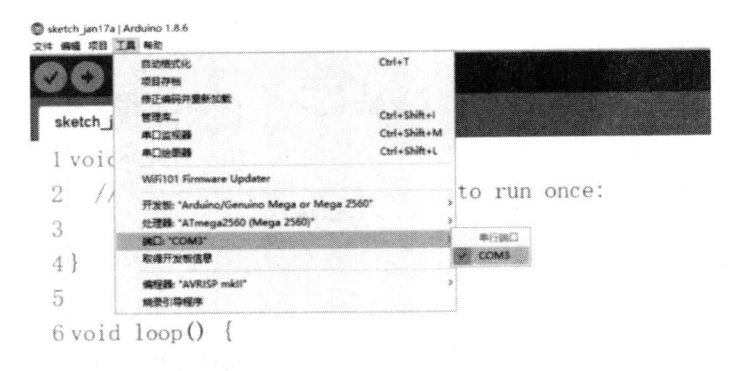

图 1-4-5　Arduino IDE 连接端口选项

单击图 1-4-3 中的 ⊙ "下载"按钮，等待几秒后，可以看到开发板上的 RX 和 TX 指示灯在闪烁。若下载成功，则在状态栏中会出现"Done uploading"提示。

下载完成后,程序自动开始运行,开发板的内置 LED 指示灯开始闪烁。

Arduino 开发板上电或者复位后,首先执行引导程序,然后执行用户程序。IDE 还支持用户通过特定的引导区域实现对整个 Flash 区域的更新。

1.4.2 Arduino 常用的 I/O 操作函数

1. pinMode()

描述:将指定的引脚配置成输出或输入。
语法:pinMode(pin,mode)。
参数:pin,要设置模式的引脚;mode,INPUT 或 OUTPUT。

2. digitalWrite()

描述:将引脚写高低电平。
语法:digitaiWrite(pin,value)。
参数:pin,引脚编号(如 1、5、10、A0、A3);value,HIGH 或 LOW。
注意:模拟引脚也可以当作数字引脚使用。

3. digitalRead()

描述:读取指定引脚的值,HIGH 或 LOW。
语法:digitalRead(pin)。
参数:pin,要读取的引脚编号(int)。
返回:HIGH 或 LOW。
注意:如果引脚悬空,则 digitalRead()会返回 HIGH 或 LOW(随机变化),模拟输入引脚可以当作数字引脚使用。

4. analogRead()

描述:从指定的模拟引脚读取数值。Arduino 开发板包含一个 6 通道(Mini 和 Nano 有 8 个通道,Mega 有 16 个通道)、10 位模拟/数字转换器。这标识它将 0~5 V 的输入电压映射到 0~1 023 的整数值,即每个读数对应电压值为 5 V/1 024,即约 0.004 9 V(4.9mV)。analogRead()的输入范围和精度可以通过 analogReference()改变,其大约需要 100 μs(0.000 1 s)来读取模拟输入,所以最大的读取速度是每秒 1 000 次。
返回:0~1 023 的整数值。
注意:如果模拟输入引脚没有连入电路,则由 analogRead()返回的值将根据很多项因素(例如其他模拟输入引脚、手靠近板子等)产生波动。

5. analogWrite()

描述:从一个引脚输出模拟值。Arduino 单片机采用 PWM 技术,让 LED 以不同的亮度点亮或驱动电机以不同速度旋转。analogWrite()输出结束后,该引脚将产生一个稳定的、具有特定占空比的 PWM 输出。PWM 输出持续到下次调用 analogWrite(),或在同一引脚调用 digitalRead()或 digitalWrite()。

语法：analogWrite(pin,value)。

参数：pin，用于输入的引脚；value，占空比，取值范围为 0（完全关闭）～255（完全打开）。

6．tone()

描述：在一个引脚上产生一个特定频率的方波（50%占空比）。

持续时间可以设定，波形会一直产生，直到调用 noTone()函数为止。该引脚可以连接压电蜂鸣器或其他喇叭以播放声音。

语法：tone(pin,frequency)或 tone(pin,frequency,duration)。

注意：如果要在多个引脚产生不同的音调，则要在对下一个引脚使用 tone()函数前，先使用 noTone()函数。

7．noTone()

描述：停止 tone()函数。

语法：noTone(pin)。

参数：pin，所要停止产生声音的引脚。

8．shiftOut()

描述：将数据的一个字节一位一位地移出。从最高有效位（最左边）或最低有效位（最右边）开始，依次向数据引脚写入每一位，之后时钟引脚被拉高或拉低，指示之前的数据有效。

语法：shiftOut(dataPin,clockPin,bitOrder,value)。

注意：如果所连接的设备时钟类型为上升沿（rising edges），则要确定在调用 shiftOut()前时钟引脚为低电平，如调用 digitalWrite(clockPin,LOW)。

9．shiftIn()

描述：将数据的一个字节一位一位地移入。从最高有效位（最左边）或最低有效位（最右边）开始，对于每个位，先拉高时钟电位，再从数据传输线中读取一位，最后将时钟线拉低。

语法：byte incoming=shiftIn(dataPin,clockPin,bitOrder)。

注意：这是一个软件实现，也可以参考硬件实现的 SPI 链接库，其速度更快，但只对特定引脚有效。

10．pulseIn()

描述：读取一个引脚的脉冲（HIGH 或 LOW）。

语法：pulseIn(pin,value)或 pulseIn(pin,value,timeout)。

参数：pin，要进行脉冲计时的引脚编号（int）；value，要读取的脉冲类型，HIGH 或 LOW（int）；timeout（可选），指定脉冲计数的等待时间。

11. delay()

描述：设定程序的暂停时间（单位为毫秒）。

语法：delay(ms)。

参数：ms，暂停时间（unsigned long）。

12. attachInterrupt()

描述：当发生外部中断时，调用一个指定的函数。这会用新的函数取代之前指定给中断的函数。大多数的 Arduino 开发板有两个外部中断：0 号中断（引脚 2）和 1 号中断（引脚 3）。Arduino Due 有更强大的中断能力，其允许在所有的引脚上触发中断程序，可以直接使用 attachInterrupt()指定引脚编号。

语法：attachInterrupt(interrupt, function, mode)、attachInterrupt(pin, function, mode)。

参数：interrupt，中断的编号；pin，引脚编号（Due 专用）；function，中断发生时调用的函数，此函数必须不带参数和不返回任何值；mode，定义何种情况发生中断，以下 4 个常量为 mode 的有效值。

（1）LOW：当引脚为低电位时，触发中断。

（2）CHANGE：当引脚电位发生改变时，触发中断。

（3）RISING：当引脚由低电位变为高电位时，触发中断。

（4）FALLING：当引脚由高电位变为低电位时，触发中断。

13. 中断使能函数

（1）interrupts()。

描述：重新启用中断。使用 noInterrupts()命令后，中断将被禁用。

（2）noInterrupts()。

描述：禁止中断。

中断允许在后台运行一些重要任务，默认使能中断。禁止中断后，部分函数会无法工作，通信中接收到的信息也可能丢失，中断会影响计时代码，在某些特定的代码中也会失效。可以在程序关键部分禁用中断。

14. Serial.begin(speed)

描述：初始化串口通信，设定波特率。

与计算机进行通信时，可以使用这些波特率：300、1 200、2 400、4 800、9 600、14 400、19 200、28 800、38 400、57 600 或 115 200。当然，也可以指定其他波特率。例如，引脚 0、1 和一个组件进行通信，需要一个特定的波特率。

15. Serial.available()

描述：返回串口缓冲区中当前剩余的字符个数。一般用这个函数来判断串口的缓冲区有无数据。当 Serial.available()>0 时，说明串口接收到了数据，可以读取。available()继承自 Stream 类。

此外，仅适用于 Arduino Mega 的函数还有 3 个，分别是 Serial1.available()、Serial2.

available()和 Serial3.available()。

16．Serial.read()

描述：从串口的缓冲区取出并读取字节数据，比如有设备通过串口向 Arduino 发送数据时，可以通过 Serial.read()来读取发送的数据。

此外，仅适用于 Arduino Mega 的还有 3 个，分别为 Serial1.read()、Serial2.read()和 Serial3.read()。

返回：传入串口数据的第一个字节。

17．Serial.flush()

描述：等待超出的串行数据完成传输（在 1.0 及以上的版本中，flush()语句的功能不再是丢弃所有进入缓存器的串行数据）。flush()继承自 Stream 类。

此外，仅适用于 Arduino Mega 的有 3 个，分别为 Serial1.flush()、Serial2.flush()和 Serial3.flush()。

18．Serial.println()

描述：打印数据到串行端口，输出可识别的 ASCII 码文本并同时跟随一个回车符（ASCII 13 或 "\r"）及换行符（ASCII 10 或 "\n"）。此命令采用的形式与 Serial.print()相同。

语法：Serial.println（val）或 Serial.println（val，format）。

参数：val，打印的内容，可以为所有数据类型；format，指定基数（整数数据类型）或小数位数（浮点类型）。

返回：字节（byte）。

举一反三

生活中我们会使用到灯带，想想如何让灯带实现流水灯效果，动手做一下。

任务小结

掌握 C 语言基本结构和语句是学习单片机的重要基础，读者可以尝试采用不同语句去实现流水灯的程序设计。在上次任务中，通过对位变量的定义和赋值来控制某一个引脚，在本次任务中又采用循环程序结构进行端口赋值操作，也可以采用左移、右移指令对端口进行整体操作来控制 8 个引脚，读者可以在课后自学。今后大家可以根据实际情况灵活选择采用哪种方式。

扫描二维码观看本任务教学视频。

任务 1.4 教学视频

项目 2
简易电风扇系统的设计与实施

本项目以 4 个具体任务为载体,通过渐变灯任务使读者了解 PWM 原理及应用;通过"任务 2.2 数码管显示矩阵键盘按键号"让读者能掌握数码管静态显示和矩阵键盘扫描的工作原理,并能够搭建实验电路和进行程序调试;通过"任务 2.3 直流电机的调速控制"使读者熟悉直流电机工作原理和 PWM 技术,并能通过编程实现 PWM 技术对直流电机的调速控制;通过"任务 2.4 简易电风扇控制系统的设计与实施"把所有知识点串接起来,实现简易电风扇系统。

▶ 任务 2.1 渐变灯

教学导航

知识目标
- 掌握电位器的工作原理。
- 理解 PWM 的控制原理。

技能目标
- 能根据任务要求搭建实验电路。
- 能使用 PWM 技术控制 LED 亮度。

重点、难点
- 单片机模拟量输入与信号采集。
- map()函数的使用方法。

任务描述、目的及要求

在学习的时候往往需要一盏台灯,台灯需要根据周围光线适度调整亮度,请根据所学知识制作一盏可以手动调节亮度的台灯。

电路设计

使用 Tinkercad 搭建实验电路,如图 2-1-1 所示,用一个电位器来控制 LED 的亮度,

Arduino 单片机实战

电位器有 3 个引脚，中间引脚接入模拟量输入 A0 引脚，其余两个引脚分别接到电源正负极。

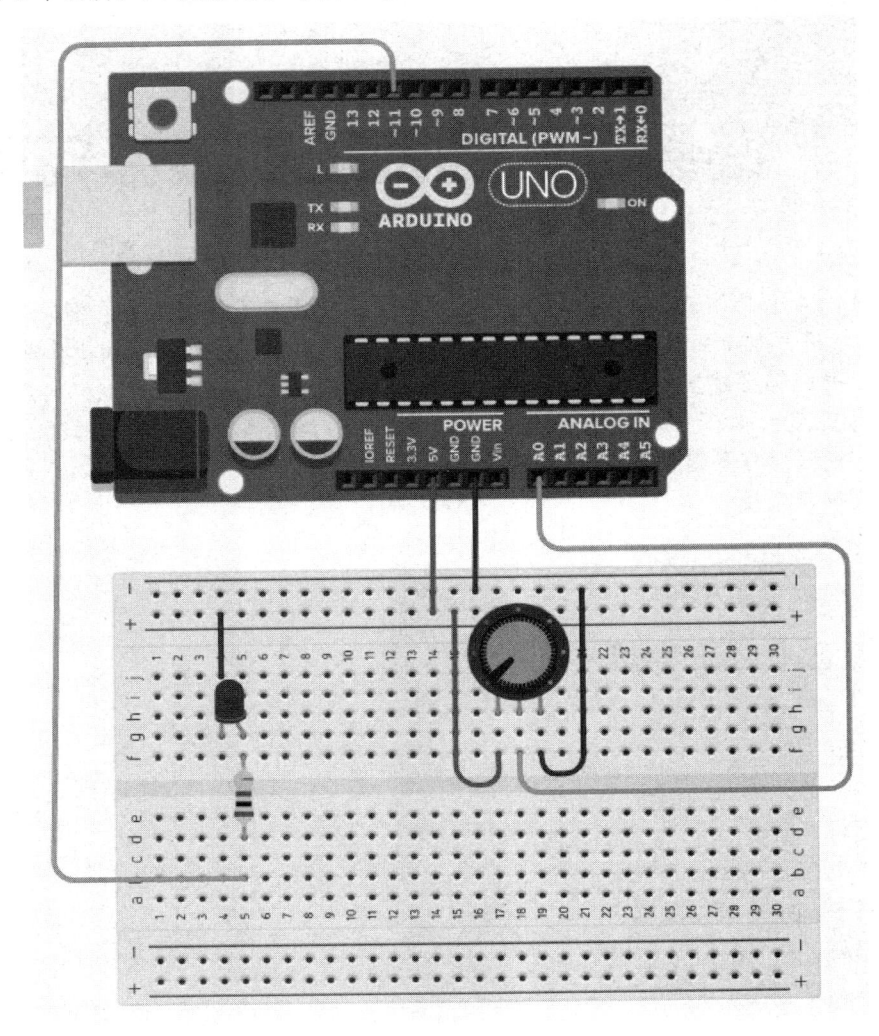

图 2-1-1　渐变灯实验电路图

程序设计

模拟量输入 A0～A5 采集数据值范围是 0～1 023，而 Arduino 单片机是没有模拟量输出端口的，只能通过 PWM 技术来近似代替模拟量输出。具有 PWM 功能的引脚，其输出范围是 0～255。两个范围是不同的，这样就需要使用映射函数 map() 来进行转换。使用米思齐图形化编程，渐变灯图形化程序如图 2-1-2 所示，先定义一个变量"光线强度"并采集 A0 引脚值，将采集到的值（范围为 0～1 023）赋值给变量，然后通过 map() 函数将它的值映射到 0～255 范围内，因为数字输出引脚的输出范围是 0～255，0 对应 0 V，255 对应 5 V，5 V 时灯最亮，0 V 时灯熄灭。

图 2-1-2 渐变灯图形化程序

```
/********************Arduino IDE 编程********************/
int brightness = 0;
void setup()
{
  pinMode(11, OUTPUT);
  pinMode(A0, INPUT);
  Serial.begin(9600);
  digitalWrite(11, LOW);
}

void loop()
{
  brightness = analogRead(A0);
  analogWrite(11, map(brightness, 0, 1023, 0, 255));
  Serial.println(analogRead(A0));
  delay(10);
}
/******************************************
```

map()函数的语法格式如下。

map (value , fromLow , fromHigh , toLow ,toHigh) ;

value：映射后新区间的一个值。

fromLow：旧区间的最小值。

fromHigh：旧区间的最大值。

toLow：新区间的最小值。

toHigh：新区间的最大值。

作用：把一个数从一个范围变换到另一个范围。

原理：根据传入的两个范围计算出映射关系。

注意：函数使用整型，所以不会产生分数，分数将会被截去。

通过控制电位器分压在 0～5 V 变化，使 analogRead()读到 0～1 024 范围的模拟值，再通过 map()函数将其映射至 0～255 区间，进而实现输出不同占空比的 PWM 波形以控制 LED 亮度。

Serial.begin(speed)：初始化串口函数，打开串口通信，并设置传输速率。speed 表示波特率，一般取值为 9 600、115 200 等。

任务的调试运行

（1）根据电路图搭建实验电路。
（2）编写程序并编译，然后将程序下载至单片机。
（3）单片机上电，旋转电位器，灯的亮度会跟随电位器的旋转而发生变化。

知识点

电位器是可变电阻的一种，通常由电阻体与转动或滑动系统组成，即靠一个动触点在电阻体上移动，获得部分电压输出。

电位器的作用：调节电压（含直流电压与信号电压）和电流的大小。

电位器的结构特点：电位器的电阻体有两个固定端，通过手动调节转轴或滑柄，改变动触点在电阻体上的位置，则改变了动触点与任意一个固定端之间的电阻值，从而改变了电压与电流的大小。

电位器实物图如图 2-1-3 所示。

电位器是一种可调的电子元件。当在电阻体的两个固定触点之间外加一个电压时，通过转动或滑动系统改变动触点在电阻体上的位置，在动触点与固定触点之间便可得到一个与动触点位置成一定关系的电压。电位器工作原理如图 2-1-4 所示。

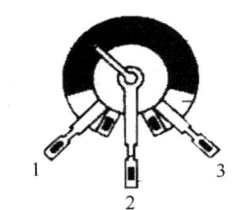

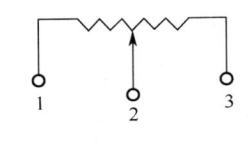

图 2-1-3　电位器实物图　　　　　图 2-1-4　电位器工作原理

电位器也可用作分压器，这时电位器是一个四端元件。电位器种类很多，按材料分为线绕、碳膜、实芯式电位器；按输出与输入电压比与旋转角度的关系分为直线式电位器（呈线性关系）、函数电位器（呈曲线关系）。电位器的主要参数为阻值、容差、额定功率。电位器广泛用于电子设备，在音响和接收机中作音量控制用。

举一反三

传感器可以检测并反映真实世界的物理量，然后输入给 Arduino 控制器。数字开关类传感器只有两个状态，即 0 或 1。模拟传感器，即输出信号为模拟量的传感器，如光敏传感器、温度传感器和本任务使用的电位器等。为了确保电器产品使用安全，往往要求电器出行倾倒时就要立即关闭输入电源，如家庭常用的小太阳取暖器、油汀取暖器、电风扇等。如何判断电器是否倾倒？使用哪种类型传感器？通常可以利用倾斜开关来判断电器是否倾倒，从而在电器倾倒时及时切断电路。在 Tinkercad 上搭建倾斜开关控制 LED 实验电路如图 2-1-5 所示，图中是通过倾斜开关来控制 LED 亮灭的，该实验与渐变灯实验有什么区别？

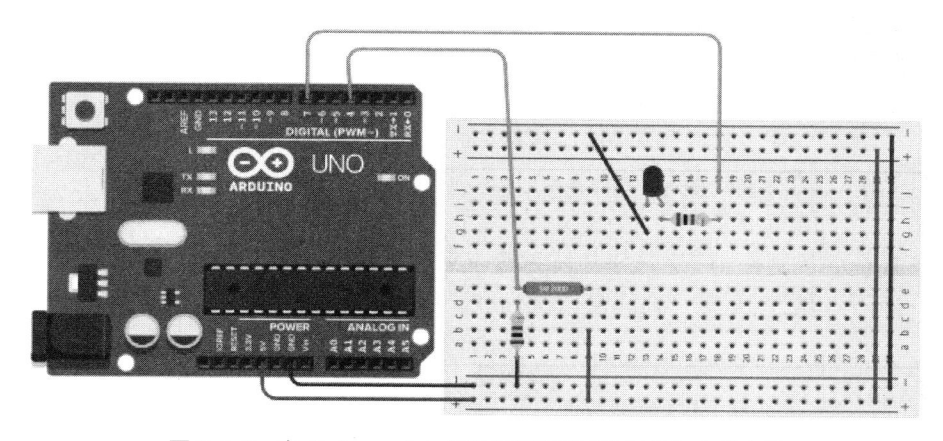

图 2-1-5　在 Tinkercad 上搭建倾斜开关控制 LED 实验电路

任务小结

通过完成本次任务，可掌握电位器工作原理，掌握单片机模拟量数据采集和映射变换基本方法，掌握通过模拟量控制单片机具有 PWM 功能的引脚输出实现 LED 亮度连续变化的基本方法。

扫描二维码观看本任务教学视频。

任务 2.1 教学视频

任务 2.2　数码管显示矩阵键盘按键号

教学导航

知识目标
- 掌握矩阵键盘的工作原理。
- 掌握 C 语言函数的预定义与调用。

技能目标
- 能够识读电路图。
- 能根据任务要求完成实验电路搭建。

- 能编程实现扫描矩阵键盘。
- 能编程实现数码管显示矩阵键盘按键号。

重点、难点
- 矩阵键盘按键的识别方法。
- 子程序、函数的定义与调用。

任务描述、目的及要求

在单片机的控制作用下，按下矩阵键盘任意一个按键，在一位数码管上显示按键相应的编号。矩阵键盘为 16 键，其编号依次为 0～9、A～D、*、#。

电路设计

用一位共阴极数码管作为显示器件，显示按键号。数码管（5611AS）采用静态连接方式与单片机对应引脚相连，数码管公用阴极通过限流电阻与电源负极相连；单片机相应引脚连接矩阵键盘，如图 2-2-1 所示。

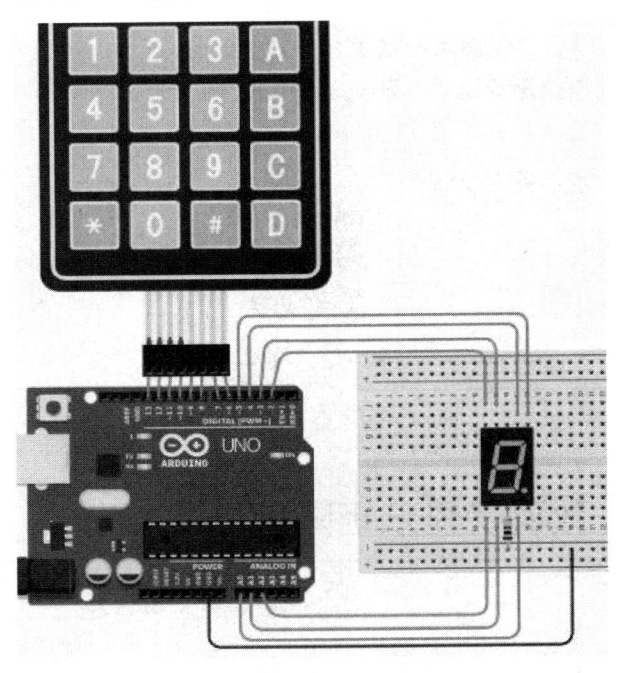

图 2-2-1　数码管显示矩阵键盘按键号电路图

程序设计

首先使用米思齐图形化编程软件进行练习，矩阵键盘 8 根接线不需要严格一一对应，接好线后，采用串口打印语句将矩阵键盘按键值打印到串口输出器中，如图 2-2-2 所示。

这样直接在程序中将按键对应的值改正过来，更加快捷方便。

子程序是一个大型程序中的某部分代码，由一个或多个语句块组成。它负责完成某项特定任务，而且相较于其他代码，具备相对的独立性。在一个程序中，如果其中有些内容完全相同或相似，为了简化程序，则可以把这些重复的程序段单独列出，并按一定的格式编写成子程序。主程序在执行过程中如果需要某一子程序，则通过调用指令来调用该子程序，子程序执行完后又返回主程序，继续执行后面的程序段。这里经常使用清屏的功能，故可将其编写为一个子程序以方便后期调用，由于是共阴极数码管，如果要使数码管对应的 LED 点亮，则应将该位电平置为高电平，否则置为低电平，清屏子程序如图 2-2-3 所示。子程序之间也可以相互调用，如在显示数字"0"子程序中调用清屏子程序，如图 2-2-4 所示。其他数字显示子程序与之类似，由于篇幅所限，不再一一罗列。

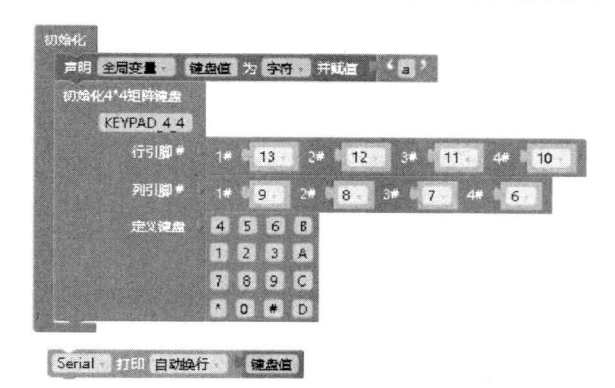

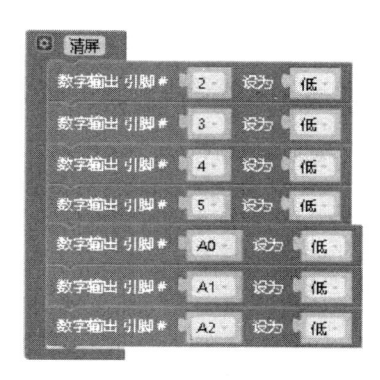

图 2-2-2　键盘调试　　　　　　　　　图 2-2-3　清屏子程序

主程序通过多分支语句来进行判断，如图 2-2-5 所示。选择程序积木块应从"文本"菜单中选择 `'a'` 即"单个字符"。

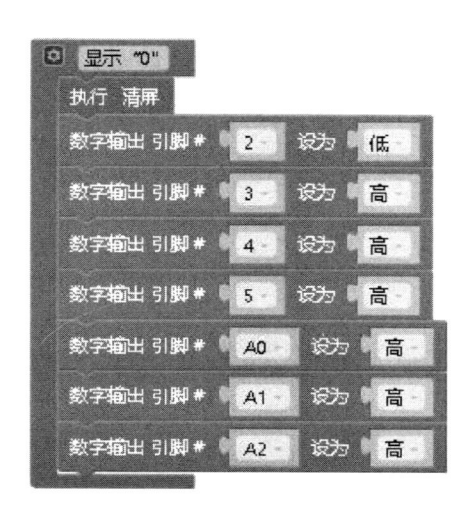

图 2-2-4　显示数字"0"子程序　　　　　图 2-2-5　主程序

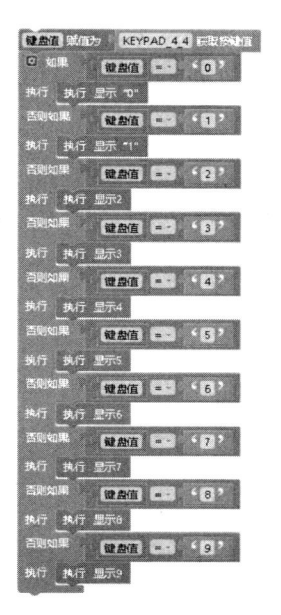

单击 "侧边栏" 按钮，就可以看到程序积木块对应的 C 语言代码，将中文修改为英文，就可以复制到 Arduino IDE 中，通过一一对比，用户就可以快速地学会使用高级语言编写程序，为将来工作奠定基础。

```
/****************************************************************
#include <Keypad.h>
volatile char input_key;
const byte KEYPAD_4_4_ROWS = 4;
const byte KEYPAD_4_4_COLS = 4;
char KEYPAD_4_4_hexaKeys[KEYPAD_4_4_ROWS][KEYPAD_4_4_COLS] = {
    {'4','5','6','B'},
    {'1','2','3','A'},
    {'7','8','9','C'},
    {'*','0','#','D'}
};
byte KEYPAD_4_4_rowPins[KEYPAD_4_4_ROWS] = {13, 12, 11, 10};
byte KEYPAD_4_4_colPins[KEYPAD_4_4_COLS] = {9, 8, 7, 6};
Keypad KEYPAD_4_4 = Keypad(makeKeymap(KEYPAD_4_4_hexaKeys), KEYPAD_4_4_rowPins, KEYPAD_4_4_colPins, KEYPAD_4_4_ROWS, KEYPAD_4_4_COLS);
****************************************************************/
```

本段程序中，#include <Keypad.h>是文件包含命令，是 C 语言预处理命令的一种，用来引入对应的头文件，就是将头文件的内容插入该命令所在的位置，从而把头文件和当前源文件连接成一个文件，这与复制粘贴的效果相同。

```
/****************************************************************
void clear() {
    digitalWrite(2,LOW);
    digitalWrite(3,LOW);
    digitalWrite(4,LOW);
    digitalWrite(5,LOW);
    pinMode(A0, OUTPUT);
    digitalWrite(A0,LOW);
    pinMode(A1, OUTPUT);
    digitalWrite(A1,LOW);
    pinMode(A2, OUTPUT);
    digitalWrite(A2,LOW);
}
****************************************************************/
```

本段程序为清屏程序，在进行数字显示之前，应将数码管原有的数字全部清零，这样就不会造成乱码现象。

```
/****************************************************************
void display_0() {
    clear();
    digitalWrite(2,LOW);
    digitalWrite(3,HIGH);
    digitalWrite(4,HIGH);
```

```
    digitalWrite(5,HIGH);
    pinMode(A0, OUTPUT);
    digitalWrite(A0,HIGH);
    pinMode(A1, OUTPUT);
    digitalWrite(A1,HIGH);
    pinMode(A2, OUTPUT);
    digitalWrite(A2,HIGH);
}
/****************************************************************/
```

本段程序为显示数字"0"子程序,其他数字显示方法与之相同。
```
/****************************************************************
void setup(){
    input_key = 'a';
    Serial.begin(9600);
    for (int i = 2; i <= 15; i++)
    pinMode(i, OUTPUT);
}
/****************************************************************/
```

本段程序为初始化程序,定义引脚的功能,并定义串口的传输速率。
```
/***************************主程序***************************/
void loop(){
    Serial.println(input_key);
    input_key = KEYPAD_4_4.getKey();
    if (input_key == '0') {
        display_0();
    } else if (input_key == '1') {
        display_1();
    } else if (input_key == '2') {
        display2();
    } else if (input_key == '3') {
        display3();
    } else if (input_key == '4') {
        display4();
    } else if (input_key == '5') {
        display5();
    } else if (input_key == '6') {
        display6();
    } else if (input_key == '7') {
        display7();
    } else if (input_key == '8') {
        display8();
    } else if (input_key == '9') {
        display9();
    }

}
/****************************************************************/
```

本段程序为主程序，通过逻辑分支判断矩阵键盘按下字符，并将其显示在数码管上，由于本实验只进行数字部分判断，而字符"A""B""C""D""*""#"的判断方法与此相同，这里就不再赘述。

任务的调试运行

（1）根据实验任务要求搭建硬件电路。
（2）将程序编译下载至单片机。
（3）单片机上电，观察数码管初始显示值是否处于清屏状态。
（4）当任意按下一按键时，观察在数码管上是否能正常显示按键相应的数字编号，其编号依次为0～9。

知识点

2.2.1 数码管知识

LED数码管是一种常用的显示设备，在工业和日常生活中都有着广泛的应用，例如，工业上使用LED数码管显示设备的工作状态、工作挡位；生活中的广告屏、比赛计分器、计时器都常采用LED数码管进行显示。

LED数码管是由多个LED封装在一起组成"8"字形的器件，引线已在内部连接完成，只需引出它们的各个笔画及公共电极。LED数码管常用的段数一般为7段，有的另加一个小数点。数码管内部LED点亮时，电流不可过大，否则会烧毁LED。根据公共端的接法不同，数码管可以分为共阴极和共阳极两类。

1. 共阴极数码管

对共阴极数码管来说，8个LED的阴极在数码管内部全部连接在一起，所以称"共阴"，而它们的阳极是独立的，其内部LED连接如图2-2-6所示，通常在设计电路时把阴极接地。

给数码管的任意一个阳极加一个高电平时，对应的LED就点亮了。如果想要显示出一个8字，并且把右下角的小数点也点亮的话，可以给8个阳极加高电平，如果想让它显示出字符"0"，那么应给"g、dp"这两位加低电平，其余引脚全部都加高电平，即给8个引脚送入 00111111（0x3F）。0x3F 即为共阴极数码管显示字符"0"的字形码，这样它就可以显示出字符"0"了。同理，也可以给数字1～9以及一些简单的英文字符写好字形码，当要共阴极数码管显示这些字符时，只需直接把字符对应的字形码送到它的阳极即可。

2. 共阳极数码管

共阳极数码管内部的8个LED的所有阳极全部连接在一起，如图2-2-7所示。电路连接时，公共端接高电平。因此，如果要点亮某个LED，就需要给其阴极送低电平。如

项目2　简易电风扇系统的设计与实施 | 51

果让共阳极数码管显示字符"0",则需给 8 个引脚送入 11000000(0xC0),即 0xC0 为共阳极数码管显示字符"0"的字形码。

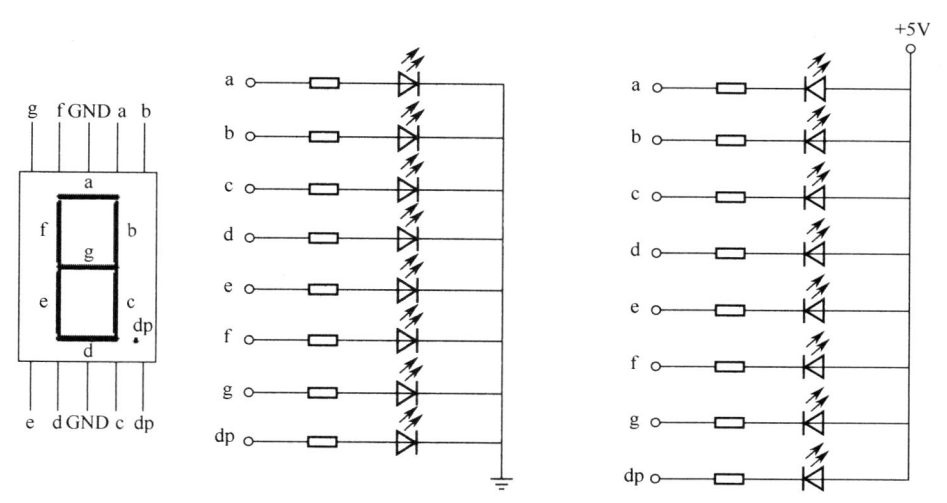

图 2-2-6　共阴极数码管内部 LED 连接　　　图 2-2-7　共阳极数码管内部 LED 连接

数码管常用字符字形码如表 2-2-1 所示,通过查找该表并将字形码写入单片机对应的端口就可以实现不同字符的显示。

表 2-2-1　数码管常用字符字形码

显示字符	共阳极数码管								共阴极数码管							
	dp	g	f	e	d	c	b	a	字形码	dp	g	f	e	d	c	b	a	字形码
0	1	1	0	0	0	0	0	0	0xC0	0	0	1	1	1	1	1	1	0x3F
1	1	1	1	1	1	0	0	1	0xF9	0	0	0	0	0	1	1	0	0x06
2	1	0	1	0	0	1	0	0	0xA4	0	1	0	1	1	0	1	1	0x5B
3	1	0	1	1	0	0	0	0	0xB0	0	1	0	0	1	1	1	1	0x4F
4	1	0	0	1	1	0	0	1	0x99	0	1	1	0	0	1	1	0	0x66
5	1	0	0	1	0	0	1	0	0x92	0	1	1	0	1	1	0	1	0x6D
6	1	0	0	0	0	0	1	0	0x82	0	1	1	1	1	1	0	1	0x7D
7	1	1	1	1	1	0	0	0	0xF8	0	0	0	0	0	1	1	1	0x07
8	1	0	0	0	0	0	0	0	0x80	0	1	1	1	1	1	1	1	0x7F
9	1	0	0	1	0	0	0	0	0x90	0	1	1	0	1	1	1	1	0x6F
A	1	0	0	0	1	0	0	0	0x88	0	1	1	1	0	1	1	1	0x77
B	1	0	0	0	0	0	1	1	0x83	0	1	1	1	1	1	0	0	0x7C
C	1	1	0	0	0	1	1	0	0xC6	0	0	1	1	1	0	0	1	0x39
D	1	0	1	0	0	0	0	1	0xA1	0	1	0	1	1	1	1	0	0x5E
E	1	0	0	0	0	1	1	0	0x86	0	1	1	1	1	0	0	1	0x79
F	1	0	0	0	1	1	1	0	0x8E	0	1	1	1	0	0	0	1	0x71
H	1	0	0	0	1	0	0	1	0x89	0	1	1	1	0	1	1	0	0x76
L	1	1	0	0	0	1	1	1	0xC7	0	0	1	1	1	0	0	0	0x38

续表

显示字符	共阳极数码管								共阴极数码管							
	dp	g	f	e	d	c	b	a	字形码	dp	g	f	e	d	c	b	a	字形码
P	1	0	0	0	1	1	0	0	0x8C	0	1	1	1	0	0	1	1	0x73
r	1	1	0	0	1	1	1	0	0xCE	0	0	1	1	0	0	0	1	0x31
U	1	1	0	0	0	0	0	1	0xC1	0	0	1	1	1	1	1	0	0x3E
-	1	0	1	1	1	1	1	1	0xBF	0	1	0	0	0	0	0	0	0x40
_	1	1	1	1	0	1	1	1	0xF7	0	0	0	0	1	0	0	0	0x08
.	0	1	1	1	1	1	1	1	0x7F	1	0	0	0	0	0	0	0	0x80
全灭	1	1	1	1	1	1	1	1	0xFF	0	0	0	0	0	0	0	0	0x00

2.2.2 数组

C语言中，整型、浮点型、字符型数据都属于基本数据类型，适合于处理少量的数据，要处理大量数据，比如10 000名学生成绩，设10 000个变量来处理就不现实了，所以当需要处理大量数据的时候，可用数组解决。相对于基本数据类型，数组具有使用方便、高效、灵活的特点。程序中把类型相同的若干数据项按有序的形式组织起来，这些按序排列的同类数据元素的集合被称为数组。组成数组的各个数据分项被称为数组元素。数组属于常用的数据类型。数组元素的数据类型就是该数组的类型。数组可分为一维、二维、三维和多维数组等，常用的有一维、二维及字符数组。这里只介绍一维数组。

1. 一维数组的定义

数组同变量一样，必须先定义后使用。一维数组的定义格式如下。

类型名　数组名[常量表达式]

例如：

int a[10]; //定义整型数组a
float b[20]; //定义浮点型数组b
char ch[10]; //定义字符型数组ch

说明：

（1）类型名说明数组和数组元素的类型，以及每个元素在内存中占的字节数。

（2）数组名的命名规则和变量名的命名规则一样，数组名也是数组的存储首地址。

（3）常量表达式表示允许使用的数组元素个数，即数组长度。例如，b[5]表示数组有5个元素，数组的下标从0开始，5个元素分别是b[0]、b[1]、b[2] b[3]、b[4]，引用时不能越界。

（4）常量表达式可以是常量、符号常量，但不能是变量或者变量表达式。以下的数组定义是合法的，首先定义符号常量AVE，然后定义整型数组a和b，它们分别有5个、12个数组元素。

```
#define   AVE   5 //定义符号常量
main ()
{
    int a[AVE], b[7+5];
```

　　　　……
　　}
（5）数组一定是先赋值、后引用。

2．一维数组的赋值与引用

（1）赋值。数组赋值的方法有赋值语句和初始化赋值两种。

① 赋值语句赋值：
for(j=0;j<10;j++)
　num[j]=j;

② 初始化赋值：
格式：
类型说明符　数组名[常量表达式] ={值,值,……,值}；
例如：
int a[10]={0,1,2,3,4,5,6,7,8,9};
数组 a 中，右侧花括号各值即为相应数组元素初值。
int b[10]={0,1,2,3,4};
数组 b 中，仅为部分数组元素赋值，相当于数组元素 b[0]值为 0，b[1]值为 1，b[2]值为 2，b[3]值为 3，而 b[4]~b[9]值均为 0。
int c[]={0,1,2,3,4,5};
当数组 c 没有指定元素个数时，花括号中值的个数就是数组中的元素个数，所以数组 c 的元素个数是 6 个。

（2）一维数组元素的引用。只能逐个引用数组元素，而不能一次引用整个数组。数组元素引用方式：
数组名[下标]

2.2.3　预处理命令#define 的用法及作用

#define 命令格式如下。
#define　标识符　常量　//注意，最后没有分号

　　#define 又称宏定义，标识符为所定义的宏名，简称宏。标识符的命名规则与变量的命名规则是一样的。#define 的功能是将标识符定义为其后的常量。一经定义，程序中就可以直接用标识符来表示这个常量。宏所表示的常量可以是数字、字符、字符串、表达式。其中最常用的是数字。

　　那么，程序中什么时候会使用宏定义呢？用宏定义有什么好处呢？直接写数字不行吗？为什么要用一个标识符表示数字呢？

　　宏定义最大的好处是方便程序的修改。使用宏定义可以用宏代替一个在程序中经常使用的常量。注意，是"经常"使用的。这样，当需要改变这个常量的值时，就不需要对整个程序一个一个进行修改，只需修改宏定义中的常量即可。且当常量比较长时，使用宏就可以用较短的有意义的标识符来代替它，这样编程就会更方便，不容易出错。因此，宏定义的优点就是方便和易于维护。

那么程序在预处理的时候是怎么处理宏定义的呢？或者说是怎么处理预处理命令的呢？

其实预处理所执行的操作就是简单的"文本"替换。对宏定义而言，预处理的时候会将程序中所有出现"标识符"的地方全部用"常量"替换，称之为"宏替换"或"宏展开"。替换完了之后再进行正式的编译。

2.2.4 矩阵键盘

键盘分为编码键盘和非编码键盘。由专用的硬件编码器实现闭合键的识别，并产生键编码号或键值的键盘被称为编码键盘，如计算机键盘。而靠软件编程来识别闭合键的键盘被称为非编码键盘。在单片机组成的各种系统中，用得较多的是非编码键盘。非编码键盘又分为独立键盘和矩阵键盘，这里介绍一下矩阵键盘。矩阵键盘又被称为行列式键盘。I/O口端线分别为行线和列线，按键跨接在行线和列线上，组成一个键盘。矩阵键盘原理图如图2-2-8所示。16键矩阵键盘行线分别为H1~H4，列线分别为L1~L4，行线、列线的交叉点共16个，行线、列线分别连接到按键的两端。

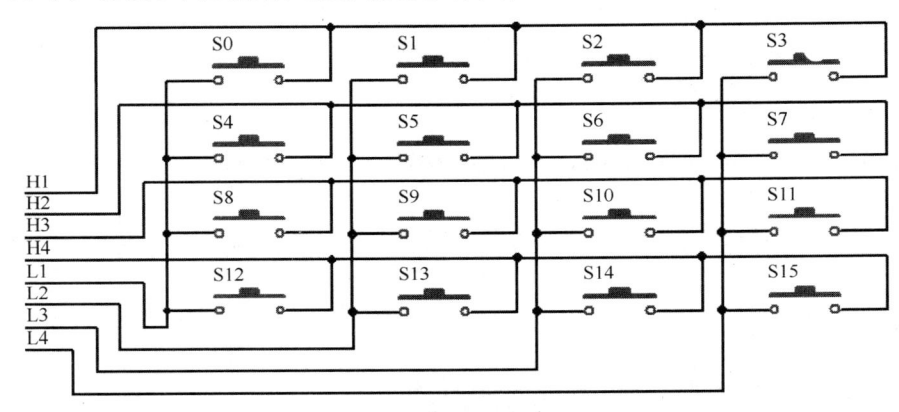

图 2-2-8　矩阵键盘原理图

矩阵键盘相对于独立式按键而言，其占用 I/O 口少，但程序设计更复杂，适合于按键较多的场合，例如 16 键矩阵键盘，采用独立式按键需要占用 16 个单片机 I/O 口，而采用矩阵键盘则只需要 8 个 I/O 口即可实现。I/O 口是单片机宝贵的资源，因此矩阵键盘能有效提高单片机系统 I/O 口的利用率。

1. 矩阵键盘的工作原理

按键设置在行线、列线交叉点上，行线、列线分别连接到按键开关的两端。行线通过下拉电阻接到 GND 上。平时无按键动作时，行线处于低电平状态，而当有按键被按下时，行线电平状态将由与此按键相连的列线电平决定。如果列线电平为低，则行线电平为高，如果列线电平为高，则行线电平为低。这一点是识别矩阵键盘按键是否被按下的关键所在。各按键彼此将相互影响，所以必须将行线、列线信号配合起来并作适当的处理，才能确定闭合键的位置。

2. 逐行扫描法

下面以图 2-2-8 中 S3 按键被按下为例，来说明此按键是如何被识别出来的。前已述及，按键被按下时，与此按键相连的行线电平将由与此按键相连的列线电平决定，而行线电平在无键被按下时处于高电平状态。如果让所有列线处于高电平，那么按键被按下与否不会引起行线电平的状态变化，始终是高电平，所以，让所有列线处于高电平是没法识别出按键的。现在反过来，让所有列线处于低电平，很明显，按下的按键所在行线电平将也被置为低电平，根据此变化，便能判定该行一定有按键被按下。但我们还不能确定是这一行的哪个按键被按下。所以，为了进一步判定到底是哪一列的按键被按下，可在某一时刻只让一条列线处于低电平，而其余所有列线处于高电平。当第 1 列为低电平，其余各列为高电平时，因为是按键 S3 被按下，所以第 1 行仍处于高电平状态；当第 2 列为低电平，其余各列为高电平时，同样我们会发现第 1 行仍处于高电平状态，直到让第 4 列为低电平，其余各列为高电平时，因为是 S3 按键被按下，所以第 1 行的高电平转换到第 4 列所处的低电平，据此，我们确信第 1 行第 4 列交叉点处的按键即 S3 按键被按下。根据上面的分析，很容易得出矩阵键盘按键的识别方法，此方法分两步进行。第一步，识别键盘有无按键被按下；第二步，如果有按键被按下，则识别出具体的按键。识别键盘有无按键被按下的方法是：让所有列线均为低电平，检查各行线电平是否有低电平，如果有，则说明有按键被按下，如果没有，则说明无按键被按下（实际编程时应考虑按键抖动的影响，通常总是采用软件延时的方法进行消抖处理）。识别具体按键的方法是：逐列置低电平，并检查各行线电平的变化，如果某行线电平由高电平变为低电平，则可确定此行此列交叉点处按键被按下。

3. 行列反转法

行列反转法的基本原理是通过给行、列端端口输出两次相反的值，然后分别读入行值和列值并进行求和或者按位"或"运算，得到每个按键的扫描码。首先向所有的列线上输出低电平，行线输出高电平，然后读入行信号，如果 16 个按键中任意一个被按下，那么读入的行电平则不全为高，如果 16 个按键中无按键被按下，则读入的行电平全为高，记录此时的行值。其次向所有的列线输出高电平，行线输出低电平（行列反转），读入所有的列信号，并记录此时的列值。最后将行值和列值合成扫描码，通过查找扫描码的方法得到键值。

应当注意的是，所谓的"反转扫描法"实际上是利用处理器的高速扫描与低速的按键操作所形成的"时间差"。从按键被按下开始到获取整个行值、列值，实际上还没有松开按键。

举一反三

通过对本任务的学习，搭建实验电路并编写程序，实现以下两个功能。
（1）单片机接一位共阳极数码管及两个独立按键 K1 与 K2，单片机上电运行时，数码管初始显示值为 0，每按下 K1 一次，单片机累计按键次数加 1 并在数码管上显示，当按键次数大于 9 后,程序清零,数码管上显示 0 并重新计数;而每按下 K2 一次,计数依次递减 1 并在数码管上显示数字,当递减至小于 0 后,数码管显示 9,并再依次递减计数。(电路图略。)

(2)现若有一密码锁,采用 16 键矩阵键盘为输入设备,矩阵键盘号可以是阿拉伯数字 也可以是英文符号。采用一位共阳极数码管显示当前输入的密码。密码锁用 LED 表示,其打开或锁定状态用灯亮或灯灭表示。密码锁初始密码为 6,系统上电后,数码管显示字符 "*",表示可输入密码,按 "#" 结束输入。密码输入正确时,延时约 1 s,通过舵机将锁打开,即 LED 亮并显示字符 "P" 约 2 s,然后数码管显示字符 "*",LED 熄灭表示密码锁重新锁定;否则显示 "E",约 2 s 后,回到提示输入密码状态。

任务小结

通过完成本次任务,学习了单片机矩阵键盘按键识别的两种方法。对于 4×4 矩阵键盘按键的识别,逐行扫描法需要对每一行进行扫描判断,而行列反转法只需要扫描 2 次就可以判断出键值,其效率更高,但程序相对复杂。

通过完成本次任务,明白了要使数码管显示数字或者字符,直接将相应的数字或者字符送至数码管的段控制端是不行的,必须给段控制端输入相应的字形码,在编写程序时,可以采用数组的形式存储数码管字形码,这样,在需要的时候进行调用即可。

扫描二维码观看本任务教学视频。

任务 2.2 教学视频

任务 2.3　直流电机的调速控制

教学导航

知识目标
- 了解直流电机的工作原理。
- 掌握 PWM 控制技术。

技能目标
- 能够掌握不同电机的特点及应用场合。
- 能根据任务要求完成实验电路搭建。
- 能够编程使用 Arduino 单片机对直流电机进行调速控制。

重点、难点
- 直流电机驱动控制原理。
- 使用单片机实现电机 PWM 控制。

任务描述、目的及要求

在单片机的控制作用下,使用电位器对直流电机进行速度调节控制。要求系统上电后,电机处于停止状态,任意时刻按下停止键,电机停转。

电路设计

直流电机调速控制电路如图 2-3-1 所示,采用具有 PWM 功能的引脚来控制直流电机转速,通过电位器控制输入信号。

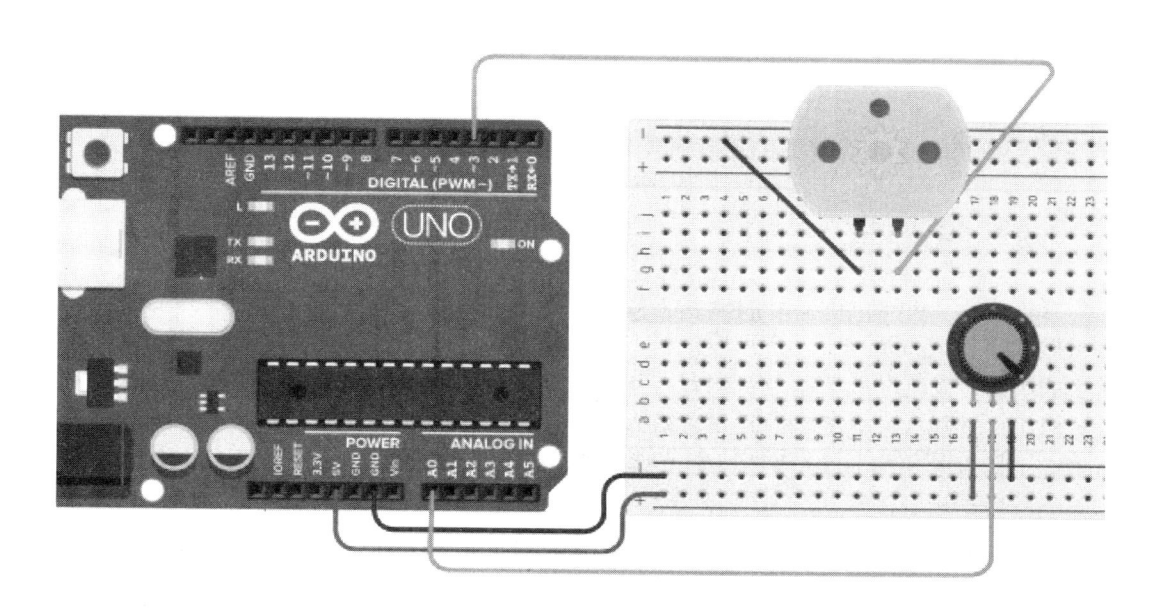

图 2-3-1 直流电机调速控制电路

程序设计

随着大规模集成电路技术的不断发展,许多高端单片机都有内置 PWM 模块,但有些 Arduino 单片机内部没有 PWM 模块。这些单片机可以用软件模拟法来实现 PWM。这种方法简单,容易实现,其缺点是占用 CPU 时间较多。PWM 技术软件模拟法的原理其实就是通过软件延时程序交替改变某个端口二进制位输出逻辑状态来产生 PWM 信号,设置不同的延时时间就可以得到不同占空比,这样就可以得到不同的输出电压平均值。以下是采用软件模拟法实现 PWM,以对直流电机进行调速控制。

```
void setup()
{
  pinMode(A0, INPUT);
  pinMode(3, OUTPUT);
}

void loop()
{
  analogWrite(3, map(analogRead(A0), 0, 1023, 0, 255));
  delay(10);
}
```

任务的调试运行

（1）根据任务要求搭建实验电路。
（2）将程序编译下载至单片机。
（3）系统上电后，转动电位器旋钮，观察直流电机转速变化。

知识点

2.3.1 直流电机

直流电机（direct current machine）是指能将直流电能转换成机械能（直流电动机）或将机械能转换成直流电能（直流发电机）的旋转电机。它是能实现直流电能和机械能互相转换的电机。直流电机根据是否配置有常用的电刷可以分为两类，即有刷直流电机和无刷直流电机。无刷直流电机是近几年来随着微处理器技术的发展和高开关频率、低功耗新型电力电子器件的应用，以及控制方法的优化和低成本、高磁能级的永磁材料的出现而发展起来的一种新型直流电机。无刷直流电机既保持了传统直流电机良好的调速性能，又具有无滑动接触和换向火花、可靠性高、使用寿命长及噪声低等优点，因而在航空航天、数控机床、机器人、电动汽车、计算机外围设备和家用电器等方面都获得了广泛应用。

1. 直流电机结构

直流电机实物图及其内部结构如图 2-3-2 所示。直流电机由定子和转子两大部分组成。直流电机运行时静止不动的部分被称为定子，定子的主要作用是产生磁场，由机座、主磁极、换向极、端盖、轴承和电刷装置等组成。直流电机运行时转动的部分被称为转子，由转轴、电枢铁芯、电枢绕组、换向器和电风扇等组成，其主要作用是产生电磁转矩和感应电动势，是直流电机进行能量转换的枢纽。

（1）定子。
① 主磁极。主磁极的作用是产生气隙磁场。主磁极由主磁极铁芯和励磁绕组两部分组成。

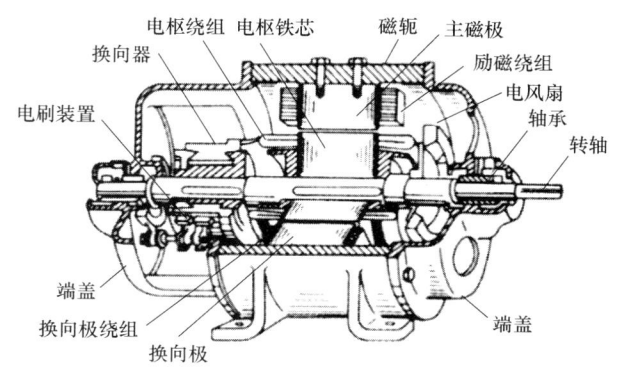

图 2-3-2 直流电机实物图及其内部结构

铁芯一般用 0.5～1.5 mm 厚的硅钢板冲片叠压铆紧而成，分为极身和极靴两部分。上面套励磁绕组的部分被称为极身，下面扩宽的部分被称为极靴，极靴宽于极身，既可以调整气隙中磁场的分布，又便于固定励磁绕组。励磁绕组用绝缘铜线绕制而成，套在主磁极铁芯上。整个主磁极用螺钉固定在机座上。

② 换向极。换向极的作用是改善换向，减少电机运行时电刷与换向器之间可能产生的换向火花。换向极一般装在两个相邻主磁极之间，由换向极铁芯和换向极绕组组成。换向极绕组用绝缘导线绕制而成，套在换向极铁芯上，换向极的数目与主磁极相等。

③ 机座。电机定子的外壳被称为机座。机座的作用有两个：一是用来固定主磁极、换向极和端盖，并起整个电机的支撑和固定作用；二是机座本身也是磁路的一部分，借以构成磁极之间磁的通路，磁通通过的部分被称为磁轭。为保证机座具有足够的机械强度和良好的导磁性能，其一般为铸钢件或由钢板焊接而成。

④ 电刷装置。电刷装置是用来引入或引出直流电压和直流电流的。电刷装置由电刷、刷握、刷杆和刷杆座等组成。电刷放在刷握内，用弹簧压紧，使电刷与换向器之间有良好的滑动接触，刷握固定在刷杆上，刷杆装在圆环形的刷杆座上，相互之间必须绝缘。刷杆座装在端盖或轴承内盖上，圆周位置可以调整，调好以后加以固定。

（2）转子。

① 电枢铁芯。电枢铁芯是主磁路的主要部分，用以安放电枢绕组。一般电枢铁芯采用由 0.5 mm 厚的硅钢片冲制而成的冲片叠压而成，以降低电机运行时电枢铁芯中产生的涡流损耗和磁滞损耗。叠成的铁芯固定在转轴或转子支架上。铁芯的外圆开有电枢槽，槽内嵌放电枢绕组。

② 电枢绕组。电枢绕组的作用是产生电磁转矩和感应电动势，是直流电机进行能量变换的关键部件。它是由许多线圈按一定规律连接而成的，线圈采用高强度漆包线或玻璃丝包扁铜线绕成，不同线圈的线圈边分上下两层嵌放在电枢槽中，线圈与铁芯之间以及上、下两层线圈边之间都必须保证绝缘。为防止离心力将线圈边甩出槽外，槽口用槽楔固定。线圈伸出槽外的端子连接部分用热固性无纬玻璃带进行绑扎。

③ 换向器。在直流电动机中，换向器配以电刷，能将外加直流电源转换为电枢线圈中的交变电流，使电磁转矩的方向恒定不变；在直流发电机中，换向器配以电刷，能将电枢线圈中感应产生的交变电动势转换为正、负电刷上引出的直流电动势。换向器是由许多换向片组成的圆柱体，换向片之间用云母片绝缘。

④ 转轴。转轴起转子旋转的支撑作用，需有一定的机械强度和刚度，一般用圆钢加工而成。

2. 直流电机的工作原理

直流电机是将电能转变为轴上输出的机械能的电磁转换装置。由定子绕组通入直流励磁电流，产生励磁磁场，主电路引入直流电源，经碳刷（电刷）传给换向器，再经换向器将此直流电转化为交流电，引入电枢绕组，产生电枢电流（电枢磁场），电枢磁场与励磁磁场合成气隙磁场，电枢绕组切割合成的气隙磁场，产生电磁转矩。

直流电机主要由主磁极（励磁线圈）、电枢（电枢线圈）、电刷和换向片等组成。固定部分（定子）上，装设了一对直流励磁的静止的主磁极 N、S，主磁极由励磁线圈的磁场产生；旋转部分（转子）上，装调电枢铁芯与电枢绕组。电枢电流由外供直流电源所产生。定子和转子之间有一气隙。电枢线圈的首端、末端分别连接于两个圆弧型的换向片上，换向片之间互相绝缘，由换向片构成的整体被称为换向器。换向片固定在转轴上，与转轴也是绝缘的。在换向片上放置着一对固定不动的电刷，当电枢旋转时，电枢线圈通过换向片和电刷与外电路接触（引入外供直流电源）。直流电机运行时，直流电源接在两个电刷之间，电流方向为：磁极 N 极下有效边中电流总是沿一个方向，而磁极 S 极上有效边中电流总是沿着另外一个方向，电枢两边上受到的电磁力方向一致，电枢因而转动。当线圈有效边换向时，电流方向也同时改变，而电磁力方向不变，从而使电枢受到一个方向不变的电磁转矩，保证电机能连续运行，这就是直流电机的基本工作原理。

3. 直流电机的特点

（1）调速性能好。所谓"调速性能"，是指电机在一定负载的条件下，根据需要，人为地改变电机的转速。直流电机可以在重负载条件下，实现均匀、平滑的无级调速，而且调速范围较宽。

（2）启动力矩大，可以均匀而经济地实现转速调节。因此，凡是在重负载下启动或要求均匀调节转速的机械，如大型可逆轧钢机、卷扬机、电力机车、电车等，都用直流电机。

2.3.2 PWM 控制技术

单片机应用于工业控制等方面时，经常要对电流、电压、温度、转速等模拟量进行调整控制，如恒流、恒压、恒温、恒速等。单片机一般将采集的模拟量数据进行运算和处理，根据设计要求对输出进行 PWM，达到恒流、恒压、恒温、恒速的目的。

1. PWM 定义

PWM 是利用微处理器的数字输出来对模拟电路进行控制的一种非常有效的技术，广泛应用于测量、通信、功率控制与变换等许多领域。PWM 是一种对模拟信号电平进行数字编码的方法。通过高分辨率计数器的使用，方波的占空比被调制用来对一个具体模拟信号的电平进行编码。PWM 信号仍然是数字的，因为在给定的任何时刻，满幅值的直流供电要么完全有（ON），要么完全无（OFF）。电压或电流源是以一种通（ON）或断（OFF）的重复脉冲序列被加到模拟负载上去的。通的时候即直流供电被加到负载上的时候，断的时候即供电被断开的时候。只要带宽足够，任何模拟值都可以使用 PWM 进行编码。

2．PWM 相关概念

（1）占空比：指输出的 PWM 信号中，高电平保持的时间与该 PWM 信号的时钟周期之比，如图 2-3-3 所示。比如一个 PWM 信号的频率是 1 000 Hz，那么它的时钟周期就是 1 ms，如果高电平保持的时间是 200 μs，低电平的时间肯定是 800 μs，那么占空比就是 200∶1 000，也就是说 PWM 信号的占空比就是 1∶5，即 20%。

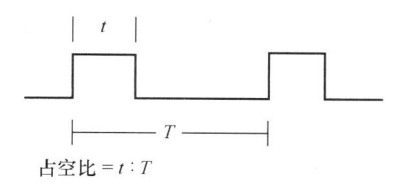

图 2-3-3　占空比

（2）分辨率：占空比最小能达到的值，如 8 位的 PWM 信号，理论分辨率就是 1∶255；16 位的 PWM 信号，理论分辨率就是 1∶65 535。

（3）频率：1 秒钟内信号从高电平到低电平再回到高电平的次数，也就是说一秒钟内 PWM 有多少个周期，单位为 Hz。周期=1/频率。

2.3.3　电机驱动芯片 L9110 简介

L9110 是为控制和驱动电机而设计的两通道推挽式功率放大专用集成电路器件，将分立电路集成在单片 IC（集成电路）之中，使外围器件成本降低，整机可靠性提高。该芯片有两个 TTL/CMOS 兼容电平的输入，具有良好的抗干扰性；具有的两个输出端能直接驱动电机的正反向运动。它具有较大的电流驱动能力：每个通道能通过 800 mA 的持续电流，峰值电流能力可达 1.5 A。同时，它具有较低的输出饱和压降；内置的钳位二极管能释放感性负载的反向冲击电流，这使它在驱动继电器、直流电机、步进电机或开关功率管的使用上安全可靠。L9110 被广泛应用于玩具汽车电机驱动、脉冲电磁阀门驱动、步进电机驱动和开关功率管等电路上。L9110 驱动芯片引脚图如图 2-3-4 所示，芯片主要特点如下。

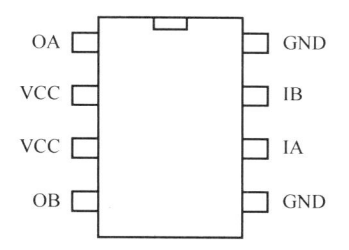

图 2-3-4　L9110 驱动芯片引脚图

（1）低静态工作电流。
（2）宽电源电压范围：2.5～12 V。
（3）每个通道具有 800 mA 连续电流输出能力。
（4）较低的饱和压降。
（5）TTL/CMOS 输出电平兼容，可直接连 CPU。
（6）输出内置钳位二极管，适用于感性负载。
（7）控制和驱动集成于单片 IC 之中。
（8）具备引脚高压保护功能。
（9）工作温度：−20～80 ℃。

L9110 引脚说明如表 2-3-1 所示，OA 和 OB 可以同时驱动两路电机。

表 2-3-1　L9110 引脚说明

序　号	符　号	功　　能
1	OA	A 路输出引脚
2	VCC	电源电压
3	OB	B 路输出引脚
4	GND	地线
5	IA	A 路输入引脚
6	IB	B 路输入引脚

举一反三

设计一个能连续改变亮度的呼吸灯，在单片机软件控制作用下，呼吸灯亮度先由弱变强，然后又逐渐变弱，周而复始，有一种"呼吸"的感觉，想想如何通过软件编程来实现。

任务小结

PWM 技术是一种采用数字信号控制模拟信号的非常重要的技术。通过本次任务的实施，我们使用了单片机软件模拟 PWM 技术。采用单片机软件模拟 PWM 技术是一种简单、经济的方法，且还可以通过修改程序设置，进行连续调节。

扫描二维码观看本任务教学视频。

任务 2.3 教学视频

任务 2.4　简易电风扇控制系统的设计与实施

教学导航

知识目标
- 了解简易电风扇控制系统的工作原理。
- 进一步熟悉 PWM 控制技术。
- 进一步熟悉矩阵键盘按键的识别。
- 进一步熟悉数码管显示原理。
- 进一步熟悉项目开发流程。

技能目标
- 能设计简易电风扇控制系统电路。
- 能编程实现简易电风扇控制系统。
- 能完成电风扇控制系统的电路连接。
- 能对系统进行软硬件调试。

重点、难点
- PWM 控制技术。
- 简易电风扇控制系统的电路设计。
- 简易电风扇控制系统的程序设计。

任务描述、目的及要求

设计简易电风扇控制系统，电风扇能实现低、中、高速 3 挡调速，数码管显示相应的挡位信息。系统上电后，数码管显示 0，电风扇处于停止状态，当分别按下低速、中速、高速挡位控制键时，电风扇相应以低速、中速和高速转动，并在数码管上显示相应挡位，低速挡显示数字 1，中速挡显示数字 2，高速挡显示数字 3，按下停止键后，电风扇停转，数码管显示数字 0。

电路设计

简易电风扇控制系统电路图如图 2-4-1 所示，电风扇的转动采用直流电机驱动，电风扇转速通过单片机提供的 PWM 电压来调节控制；采用矩阵键盘按键进行挡位控制；一位共阴极数码管显示相应的挡位信息。单片机中具有 PWM 功能的引脚控制电机转速，矩阵键盘作为挡位输入端，也可以使用独立按键来代替。数码管显示电风扇挡位信息。

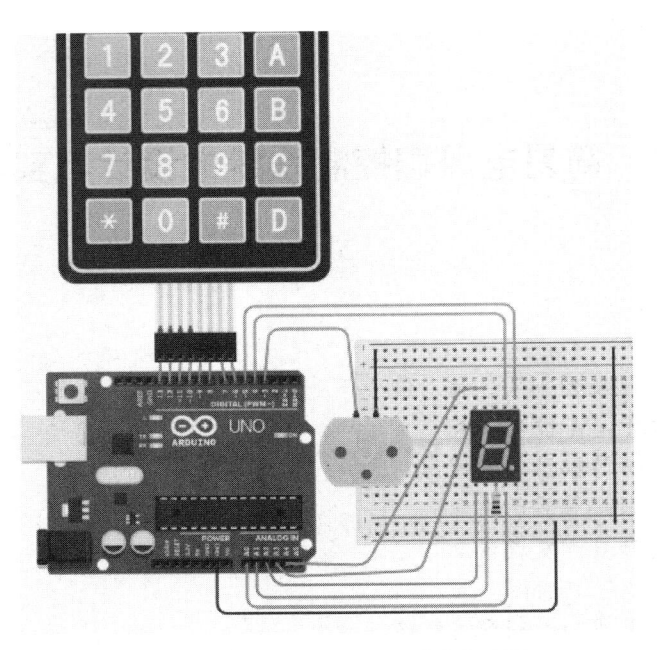

图 2-4-1 简易电风扇控制系统电路图

程序设计

根据系统控制要求，程序设计如下。

具有 PWM 功能的引脚输出范围为 0~255，分为 3 挡，即 255/3=85；也就是每挡比前一挡增加 85。部分程序设计与本项目任务 2.2 类似，这里就不再赘述，只简单介绍一下主程序，代码如下。

```
/***************************主程序***************************/
void loop(){
  Serial.println(input_key);
  input_key = KEYPAD_4_4.getKey();
  if (input_key == '0') {
    display_0();
    analogWrite(3,0);
  } else if (input_key == '1') {
    display_1();
    analogWrite(3,85);
  } else if (input_key == '2') {
    display2();
    analogWrite(3,170);
  } else if (input_key == '3') {
    display3();
    analogWrite(3,255);
  }
}
/*************************************************************/
```

任务的调试运行

（1）根据任务要求搭建硬件电路。
（2）将程序编译下载至单片机。
（3）系统上电后，观察档位信息是否显示数字"0"，且风扇处于停止状态。
（4）分别按下低速、中速、高速3挡不同按键后，观察电风扇是否分别以低速、中速、高速转动，且在数码管上显示相应挡位信息。
（5）任意时刻按下停止键"0"，观察风扇是否立即停转，数码管显示数字"0"。

举一反三

有些电风扇具有定时功能，当设定时间到时自动关闭，这样起到节约能源的作用，请想想如何实现电风扇的定时功能。

任务小结

本次任务结合前面3个任务所学的知识，实现了简易电风扇控制系统，使读者进一步巩固了相应知识点，熟悉了项目开发流程。针对系统功能实现复杂的情况，考虑到涉及的模块较多，且功能相对独立，可以采用模块化设计的方法，这样可以避免大量的函数代码都堆积在主程序中，可以使程序的结构清晰，提升了模块的可移植性，同时提高了程序可读性。

扫描观看本任务教学视频。

任务 2.4 教学视频

项目 3 简易智能楼宇控制系统的设计与实施

本项目从红外遥控 LED 入手，使读者了解常见传感器应用，然后循序渐进掌握声音、光敏、烟雾、土壤湿度等传感器的工作原理和使用方法，最后通过简易智能楼宇控制系统任务实施，把本项目所有知识点串接起来。

任务 3.1 红外遥控 LED

教学导航

知识目标
- 了解红外传感器的工作原理。
- 掌握单片机应用系统电路搭建的基本方法。
- 掌握图形化编程和 C 语言编程的基本用法。
- 掌握较复杂程序的编写和调试方法。

技能目标
- 能够根据任务要求正确搭建实验电路。
- 熟练掌握图形化编程软件并完成程序编译及程序下载。
- 基本掌握 C 语言的基本用法并完成程序编译及程序下载。

重点、难点
- 红外传感器的工作原理及使用方法。
- 实验系统的搭建与控制程序的编译及调试。

任务描述、目的及要求

通过 Tinkercad 仿真网站或实物搭建实验电路，使用图形化和 Arduino IDE 两种编程工具编写控制程序，实现使用红外遥控器来控制单个 LED 的亮灭。

项目3 简易智能楼宇控制系统的设计与实施

○ 电路设计

Tinkercad 在线仿真平台搭建实验电路如图 3-1-1 所示。

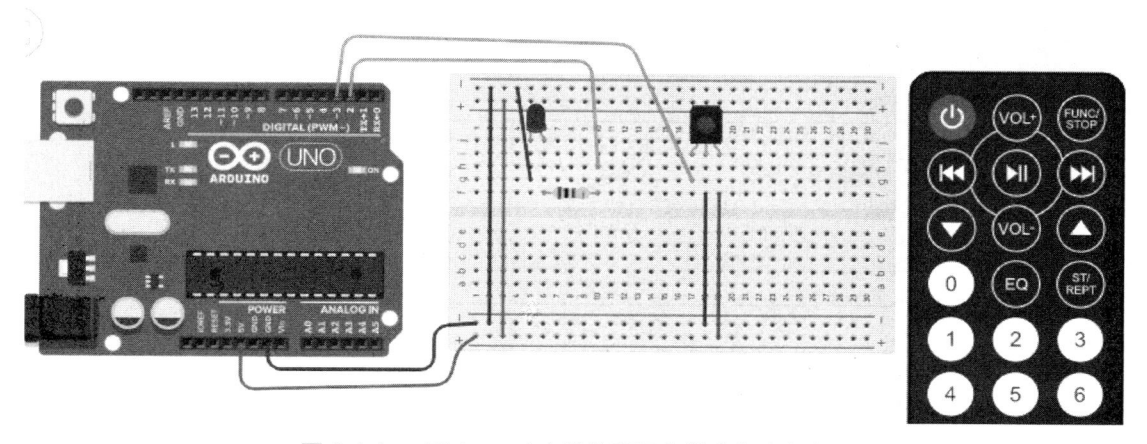

图 3-1-1　Tinkercad 在线仿真平台搭建实验电路

程序设计

1. 图形化编程

通过米思齐图形化编程工具编写程序相对比较简单，图形化程序如图 3-1-2 所示，前两行程序积木块分别定义连接 LED 的引脚是 2 脚，连接红外接收器的引脚是 3 脚。第三行程序积木块是为方便调试，使用串口将红外遥控器发射、接收的十六进制信号打印出来，从而判定红外遥控器对应的编码。这里选用 NEC 通信协议红外遥控器，数字"1"即开灯键对应十六进制"0xFD30CF"，数字"0"即关灯键对应十六进制"0xFF629D"，不同通信协议所对应数值不同，调试时应通过串口打印程序进行测试。

图 3-1-2　图形化程序

2. 高级语言编程

```c
#include <IRremote.h>
int RECV_PIN = 3;
int LED_PIN = 2;
IRrecv irrecv(RECV_PIN);
 decode_results results;      //定义 results 变量为红外结果存放位置
 void setup()
{
  Serial.begin(9600);        // 开启串口，波特率为 9600
  irrecv.enableIRIn();       // 启动红外解码
  pinMode(LED_PIN, OUTPUT);
  digitalWrite(LED_PIN, HIGH);
}
void loop() {
  if (irrecv.decode(&results)) {       // 解码成功，把数据放入 results 变量中
    Serial.println(results.value, HEX); // 显示红外编码
    if (results.value == 0xFD30CF) //开灯的值
    {
      digitalWrite(LED_PIN, HIGH);
    } else if (results.value == 0xFF629D) //关灯的值
    {
      digitalWrite(LED_PIN, LOW);
    })
    irrecv.resume();          // 继续等待接收下一组信号
  }
  delay(100);
}
```

Arduino 若要使用红外遥控，则需要 IRremote 库文件。"库"可以理解为把一些复杂的代码封装后的函数。这次会用到 IRremote 这个库，这个库支持众多的红外协议，如 NEC、Sony SIRC、Philips RC5、Philips RC6 等。可以在 Arduino IDE 的库中下载该库文件。在 Arduino IDE 中单击"工具"→"管理库"命令，查找"IRremote"并进行安装，如图 3-1-3

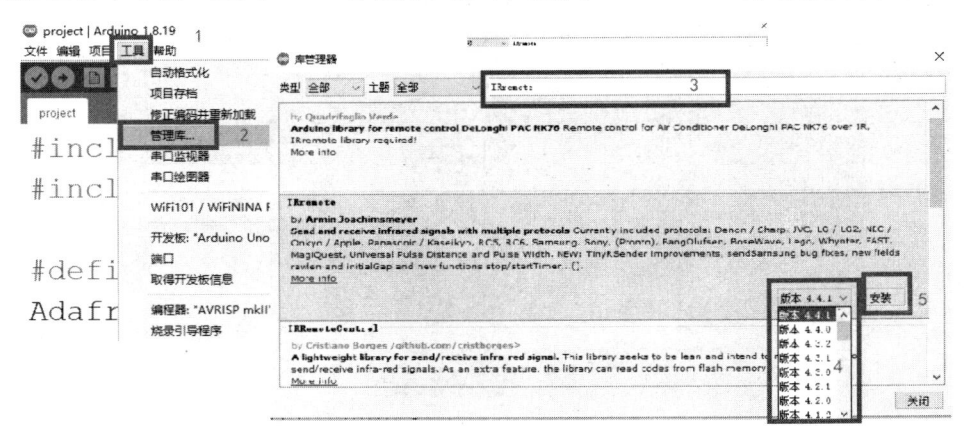

图 3-1-3　安装 IRremote 库

所示，选择需要安装的库文件和对应的版本，单击"安装"按钮，该库就被安装到本机程序中。也可以离线下载安装包，再把安装包解压到 Arduino IDE 的 libraries 文件夹中。需要注意的是，在库文件夹下要直接显示*.cpp 和*.h 文件，绝对不可以把这些库文件再套一层二级目录，因为这样会导致 Arduino IDE 无法识别这些库文件。

程序调试过程中打开串口监视器，波特率设置为 9 600，使用遥控器对着红外头按下按键，串口监视器上就会显示当前按键对应的红外编码。

任务的调试运行

（1）根据任务要求完成实验电路搭建。

（2）在米思齐软件或者在线仿真平台上完成以下 3 步：搭建实验电路、编写单片机程序、调试运行并观察实验结果是否和预期一致。

（3）当源程序编译后提示没有任何错误时，说明程序编译成功，但是在程序编写过程中，难免会遇到出现错误的情况，此时编译就不会通过，需要我们对程序进行调试，改正程序错误直至编译成功。

需要注意的是，图形化编程只是学习辅助过程，尽量缩短这个辅助过程，因为图形化编程的效率是比较低的。

（4）将编译成功的程序下载至单片机中，并观察实验现象。

知识点

3.1.1　红外遥控

红外遥控是一种无线、非接触控制技术，具有抗干扰能力强、信息传输可靠、功耗低、成本低、易实现等显著优点，被诸多电子设备特别是家用电器广泛采用，并越来越多地应用到计算机和手机系统中。

红外遥控的发射电路采用红外发光二极管来发出经过调制的红外光波，接收电路由红外接收二极管、三极管或硅光电池组成，它们将红外发射器发射的红外光转换为相应的电信号，再送到后置放大器。

红外发射器一般由指令键(或操作杆)、指令编码电路、调制电路、驱动电路、发射电路等几部分组成。当按下指令键或推动操作杆时，指令编码电路产生所需的指令编码信号，调制电路根据指令编码信号对载波进行调制，再由驱动电路进行功率放大后由发射电路向外发射经调制后的指令编码信号。

红外接收器一般由接收电路、放大电路、解调电路、指令译码电路、驱动电路、执行电路（机构）等几部分组成。接收电路将发射器发出的已调制的指令编码信号接收下来，并进行放大后送解调电路，解调电路将已调制的指令编码信号解调出来，即还原指令编码信号。指令译码电路将指令编码信号进行译码，最后由驱动电路来驱动执行电路实现各种指令的操作控制。

1. 红外遥控编码

应用中的各种红外遥控系统的原理都大同小异，区别只是在于各系统的信号编码格式不同。

红外遥控发射器由按键扫描、编码、发射电路组成。当用户按下遥控器上的某个按键时，指令编码系统会产生相应的指令编码信号。这些信号通常采用 PWM 方式，不同的按键对应不同的编码。产生的指令编码信号会通过调制电路对载波进行调制。调制后的信号通过驱动电路进行功率放大，然后由发射电路向外发射经过调制的红外光波。

2. 红外遥控解码

红外遥控接收头解调出的编码是串行二进制码，包含着遥控器按键信息。但它还不便于 CPU 读取识别，因此需要先对这些串行二进制码进行解码。

3.1.2 继电器

继电器（relay）是一种电控制器件，是当输入量（激励量）的变化达到规定要求时，在电气输出电路中使被控量发生预定的阶跃变化的一种电器。它具有控制系统（又称输入回路）和被控制系统（又称输出回路）之间的互动关系，通常应用于自动化的控制电路中。继电器实际上是用小电流控制大电流运作的一种"自动开关"，故在电路中起着自动调节、安全保护、转换电路等作用。

作为控制元件，概括起来，继电器有以下几种作用。

（1）扩大控制范围：例如，多触点继电器控制信号达到某一定值时，可以按触点组的不同形式，同时换接、开断、接通多路电路。

（2）放大：例如，灵敏型继电器、中间继电器等，用一个很微小的控制量，可以控制很大功率的电路。

（3）综合信号：例如，当多个控制信号按规定的形式输入多绕组继电器时，经过比较综合，达到预定的控制效果。

（4）自动、遥控、监测：例如，自动装置上的继电器与其他电器一起，可以组成程序控制线路，从而实现自动化运行。

继电器的种类很多，按输入量可分为电压继电器、电流继电器、时间继电器、速度继电器、压力继电器等；按工作原理可分为电磁式继电器、感应式继电器、电动式继电器、电子式继电器等；按用途可分为控制继电器、保护继电器等；按输入量变化形式可分为有无继电器和量度继电器。

举一反三

想想生活中还遇到过哪些无线通信场景。除了红外遥控小灯，还可以采用哪些无线通信手段实现遥控小灯亮灭？查找资料，使用其他方式实现遥控小灯亮灭。

任务小结

单片机是一块集成电路芯片，也是一个微型计算机系统。Arduino 单片机作为控制中心来控制电路电流通断，起到了中央控制中心的作用。本任务使读者掌握红外传感器的基本工作原理和使用方法，理解遥控器类型不同则对应编码不同，在测试过程中通过串口打印功能将对应按键编码显示出来，以便后期调试和应用。根据工况需求搭建实验电路，并编写单片机控制程序，将程序下载至单片机中以实现不同的功能，以此实现软件与硬件的有机融合。

扫描二维码观看本任务教学视频。

任务 3.1 教学视频

任务 3.2 智能走廊灯制作

教学导航

知识目标
- 掌握光敏、热释电和声音传感器的工作原理和使用方法。
- 掌握以单片机为控制元件的智能产品开发的基本方法。

技能目标
- 会根据具体任务搭建对应实验电路。
- 能够掌握编写和调试较复杂程序的基本方法。
- 掌握开发简单的智能产品的基本方法。

重点、难点
- 单片机对模拟信号的采集与逻辑判断。
- 智能产品模块化开发的思路与方法。

任务描述、目的及要求

为了节约能源，楼宇走廊或公共场所需要安装一款智能灯，周围环境光线充足时则不需要开灯，周围环境光线比较暗，且当有人路过的时候要点亮灯，当人离开时，延时一段时间自动关闭灯。请根据任务需求开发这款智能灯。

电路设计

根据任务需求进行分析，需要采用一个光敏电阻作为光线明暗的判断输入元件，采用热释电传感器来感知是否有人在灯照亮范围内，也可以选用比较便宜的声音传感器来感知人的存在，原理都是相同的，这里就不再赘述。智能走廊灯电路接线图如图 3-2-1 所示，光敏电阻需要串联一个分压电阻，以便单片机采集光敏电阻阻值的变化。

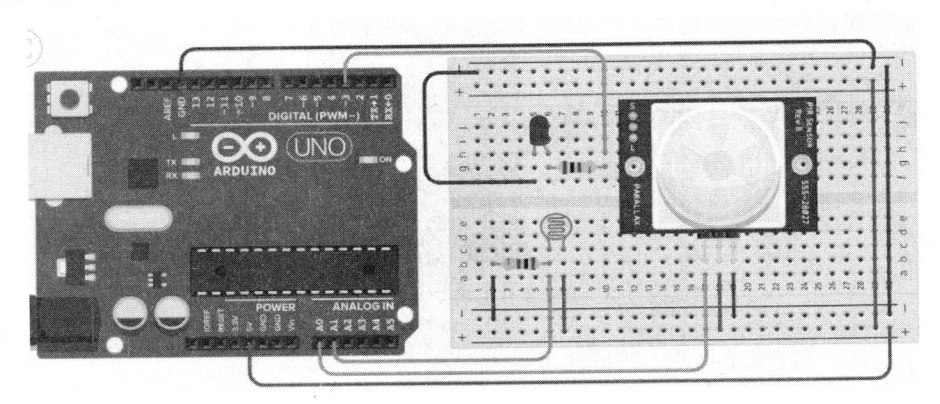

图 3-2-1　智能走廊灯电路接线图

程序设计

使用米思齐图形化编程软件，智能走廊灯程序如图 3-2-2 所示。

图 3-2-2　智能走廊灯程序

使用 Arduino IDE 编写的程序如下。

```
volatile int light_intensity;
volatile int distance;
void setup(){
pinMode(A1, INPUT);
light_intensity = analogRead(A1);
pinMode(A0, INPUT);
distance = analogRead(A0);
Serial.begin(9600);
pinMode(A0, INPUT);
```

```
    pinMode(A1, INPUT);
    pinMode(3, OUTPUT);
  }
void loop(){
  Serial.println (analogRead(A0));
  Serial.println(analogRead(A1));
  if (light_intensity <= 500) {
    if (distance <= 700) {
      digitalWrite(3,HIGH);
    }
    delay(5000);
  } else {
    digitalWrite(3,LOW);
  }
}
```

任务的调试运行

（1）根据任务需求搭建实验电路。
（2）将程序编译下载至单片机。
（3）观察实验结果，看是否符合任务要求。

知识点

3.2.1 光敏传感器的工作原理

光敏传感器是对外界光信号或光辐射有响应或转换功能的敏感装置。它是利用光敏元件将光信号转换为电信号的传感器，它的敏感波长在可见光波长附近，包括红外线波长和紫外线波长。光敏传感器不只局限于对光的探测，还可以作为探测元件组成其他传感器，对许多非电量进行检测，只要将这些非电量转换为光信号的变化即可。

光敏传感器中最简单的电子元件是光敏电阻，它能感应光线的明暗变化，输出微弱的电信号，通过简单电子线路的放大处理，可以控制 LED 灯具的自动开关。因此，光敏传感器在自动控制、家用电器中得到广泛的应用。

3.2.2 声音传感器的工作原理

声音传感器利用声音的相对比较，返回是否有声的相对信号。使用调节器调节给定声音传感器的初始值，声音传感器不断地把外界声音的强度与给定强度进行比较，当外界声音的强度超过给定强度时，向主机发送"有声音"信号，否则发送"没有声音"信号。

声音传感器的幅值调节一般通过调整其灵敏度或增益来实现。具体来说，如果您使用的是具有可调灵敏度的声音传感器，则可以通过板载电位器或其他调节装置来设定声音检测的阈值，从而改变输出的幅值。

3.2.3 热释电传感器

热释电传感器又称人体红外传感器，被广泛应用于防盗报警、来客告知及非接触开关等红外领域。热释电探测元是热释电传感器的核心元件，它是在热释电晶体的两面镀上金属电极后，加电极化制成，相当于一个以热释电晶体为电介质的平板电容器。当它受到非恒定强度的红外光照射时，产生的温度变化导致其表面电极的电荷密度发生改变，从而产生热释电电流。但凡有温度的物体都会对外产生热辐射，不同温度的物体所辐射的波长也不同，而人体都有恒定的体温，因此会辐射出一种特定长度的红外线，热释电传感器能接收感应到这种波长，导致电流变化，触发报警。

热释电传感器由滤光片、热释电探测元和前置放大器组成，如图 3-2-3 所示，补偿型热释电传感器还带有温度补偿元件。人体发射的 10 μm 左右的红外线通过菲涅尔透镜增强后聚集到热释电元件 PIR（被动式红外探测器）上，当人活动时，红外辐射的发生位置就会发生变化，该元件就会失去电荷平衡，发生热释电效应向外释放电荷，红外传感器将通过菲涅尔透镜的红外辐射能量的变化转换成电信号，即热电转换。

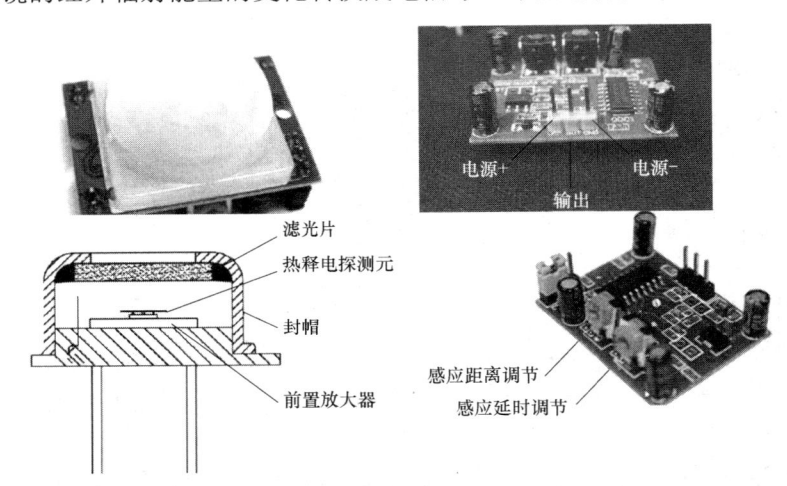

图 3-2-3 热释电传感器的组成及引脚说明

菲涅尔透镜（一种滤光片）有两个作用：一是聚焦作用，即将热释红外信号折射在 PIR 上；二是将探测区分为若干明区和暗区，使进入探测区的移动物体或人能以温度变化的形式在 PIR 上产生变化的热释红外信号。

举一反三

使用声音传感器代替热释电传感器，完成智能走廊灯的设计与调试，从而掌握声音传感器的使用方法。使用 LCD 1602 显示光敏传感器的采集信号，可以更直观地体会光控灯的效果，扫描二维码观看光控灯在线模拟。

任务小结

通过本次任务练习,掌握光敏、热释电、声音传感器的原理和使用方法,热释电、声音传感器一般都配有模拟量输出和数字量输出口,并配有灵敏度调节旋钮,当把它作为数字量输出时可以调节旋钮以改变导通阈值。

任务 3.2 教学视频

光控灯在线仿真

任务 3.3 简易智能楼宇控制系统设计制作

教学导航

知识目标
- 掌握常见智能楼宇控制传感器的工作原理和使用方法。
- 掌握单片机信号采集和智能控制的基本方法。

技能目标
- 能根据任务要求搭建系统电路。
- 能够编写较复杂的智能控制程序。

重点、难点
- 常见传感器的工作原理及信号采集方法。
- 智能产品开发的基本方法、产品创新设计的基本方法。

任务描述、目的及要求

现代楼宇要具备智能、节能、安全的控制系统,如楼道灯光控制系统。智能楼宇室内控制要求:当阳光充足的时候应该打开百叶窗,当夜幕降临的时候关闭百叶窗,当有烟雾或有毒气体(如煤气泄漏)超标时应该鸣笛以提示当事人进行安全检查,当花盆土壤比较干燥的时候自动打开水泵进行浇水,空气温湿度要控制在合理范围,通过 RGB 三色指示灯来显示室内温度范围。请根据这些要求设计一款智能楼宇控制装置。

电路设计

本任务实现的部分功能(如楼道灯光控制),已经实现,这里就不再赘述。可以分步骤逐一实现其部分功能,然后进行整合。这里重点介绍土壤湿度传感器和烟雾传感器的使用方法。使用 Tinkercad 绘制简易智能楼宇控制系统的接线图，如图 3-3-1 所示。这里通过舵机来控制百叶窗的开闭，通过烟雾传感器来探测有害气体是否超标，烟雾传感器需要预热，故需要接预热电路，蜂鸣器用来报警，土壤湿度传感器用来监测土壤湿度是否满足绿植生长要求，水泵使用直流电机替代，因为浇花水泵是由一台直流电机驱动的。

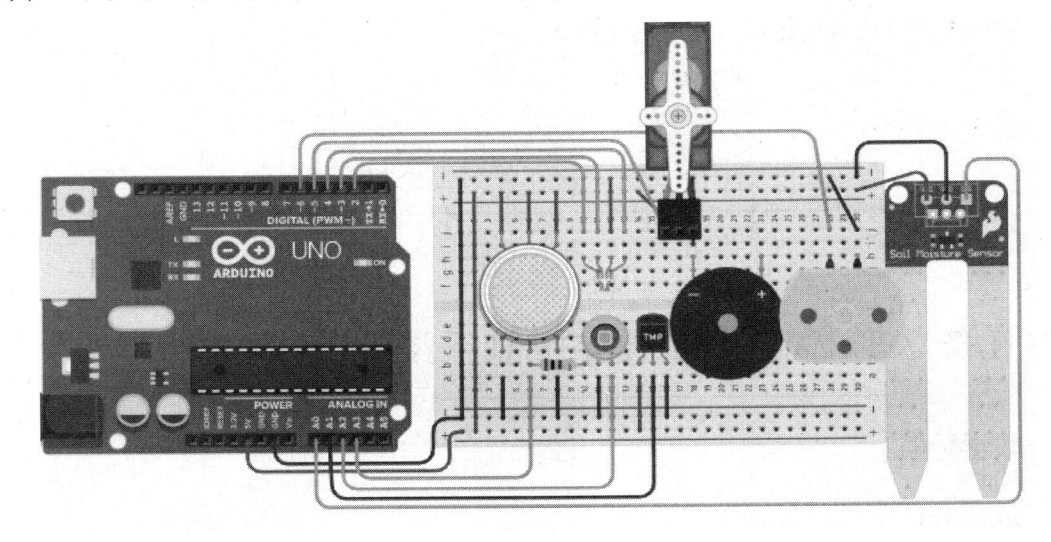

图 3-3-1　简易智能楼宇控制系统的接线图

程序设计

本任务程序较长，但是并不复杂，其程序流程图如图 3-3-2 所示。篇幅所限，程序就不再列出，原始程序可以参考学银在线课程相应项目。

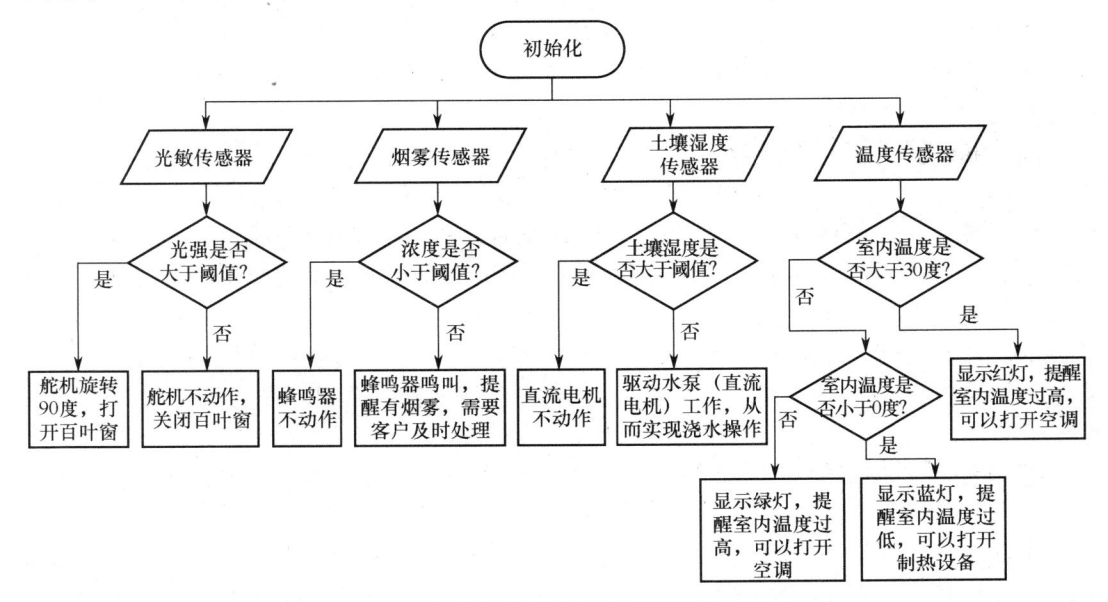

图 3-3-2　简易智能楼宇控制系统程序流程图

任务的调试运行

（1）根据任务要求，设计和搭建实验电路。
（2）编写代码，依次实现光敏传感器控制百叶窗开闭、土壤湿度传感器控制直流电机状态、烟雾传感器控制蜂鸣器等功能，最后实现系统集成。
（3）将程序编译下载至单片机并调试。
（4）观察实验结果，看是否符合任务要求。

知识点

3.3.1 烟雾传感器的工作原理

烟雾传感器种类繁多，从检测原理上可以分为以下三大类。
（1）利用物理化学性质的烟雾传感器：如半导体烟雾传感器、接触燃烧烟雾传感器等。
（2）利用物理性质的烟雾传感器：如热导烟雾传感器、光干涉烟雾传感器、红外传感器等。
（3）利用电化学性质的烟雾传感器：如电流型烟雾传感器、电势型气体传感器等。

MQ-2 烟雾传感器所使用的气敏材料是在清洁空气中电导率较低的氧化锡（S_nO_2）。当传感器所处环境中存在可燃气体时，传感器的电导率随空气中可燃气体浓度的增加而增大。使用简单的电路即可将电导率的变化转换为与该气体浓度相对应的输出信号。

MQ-2 烟雾传感器对液化气、丙烷、氢气、烟雾的灵敏度较高，对天然气和其他可燃蒸汽的检测也很理想。它的优点：灵敏度高、响应快、稳定性好、寿命长、驱动电路简单和性价比高，有模拟和数字信号输出两种输出方式。

Tinkercad 仿真平台提供的烟雾传感器有 6 个引脚，其左右两侧为传感器预热电路。市面上多数 MQ 系列传感器多为 4 个引脚。例如，MQ-2 烟雾传感器实物图如图 3-3-3 所示，其由稳压、信号检测、信号处理、比较触发、信号输出及声光报警等电路组成。烟雾传感器实物接线图如图 3-3-4 所示，其中 VCC、GND 分别连接到开发板的 5 V、GND。传感器的模拟量输出 AO 引脚连接到开发板的模拟量输入引脚 A0～A5 之一。如果单片机采用数字量输入，则传感器的数字量输出 DO 引脚连接到开发板的数字量输入引脚上即可。

图 3-3-3 MQ-2 烟雾传感器实物图　　　　图 3-3-4 烟雾传感器实物接线图

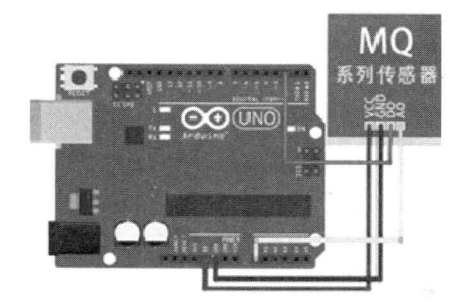

MQ-2 烟雾传感器对可燃气、烟雾等气体的灵敏度高。基于 MQ-2 烟雾传感器的电路，提供了两种输出方式。

（1）数字量输出（DO）：通过板载电位器设定浓度阈值，当检测到环境气体浓度超过阈值时，通过数字量输出引脚 DO 输出低电平。

（2）模拟量输出（AO）：浓度越高，模拟量输出引脚输出的电压值越高，通过 ADC（模拟数字转换器）采集的模拟值越高。

实际产品调试过程中可以打开串口监视器，将波特率设置成与程序中相一致（如 9 600）。串口监视器中将显示模拟量输出引脚输出电压对应的 ADC 模拟量，当气体浓度高于设定的阈值时，输出报警提示。

3.3.2 土壤湿度传感器的工作原理

1．土壤湿度测定方法

（1）重量法：取土样烘干，称量其干土重和含水重并加以计算。

（2）电阻法：使用电阻式土壤湿度测定仪测定。根据土壤溶液的电导性与土壤水分含量的关系测定土壤湿度。

（3）负压计法：使用负压计测定。当未饱和土壤吸水力与器内的负压力平衡时，压力表所示的负压力即为土壤吸水力，再据此值求算土壤湿度。

（4）中子法：使用中子探测器加以测定。中子源放出的快中子在土壤中的慢化能力与土壤含水量有关，借助事先标定，便可求出土壤湿度。

（5）遥感法：通过对低空或卫星红外遥感图像的判读，确定较大范围内地表的土壤湿度。

2．土壤湿度传感器简介

土壤湿度传感器又称土壤水分传感器，由不锈钢探针和防水探头构成，可长期埋设于土壤和堤坝内，对表层和深层土壤进行墒情的定点监测和在线测量。其广泛应用于农田、水利、公路、铁路路基水分的埋测，以及节水农业灌溉、温室大棚、花卉蔬菜、草地牧场、土壤速测、科学实验、植物培养及各种颗粒物含水量的测量等领域。

在本任务实现的系统中，土壤湿度传感器用于监测土壤的湿度，将其硬件控制电路埋在作物根部的土壤中，以监测根部土壤的水分，检测电路将该传感器产生的"湿度过高"和"湿度过低"信号经编码器传至主控制器，由主控制器决定控制状态。"湿度过高"则停止灌溉，"湿度过低"则通过光电隔离、继电器控制接在水源的电磁阀，开始浇水灌溉。该系统还具有故障报警功能。主控制器通过通信接口与上位机通信，可以实时监测系统运行状况或对历史数据进行分析。

市面上常见的电阻式土壤湿度传感器有两种，一种是三线制（模拟量输出），另一种是四线制（数字加模拟量输出）。以常见三线制土壤湿度传感器为例，说明一下工作原理。土壤湿度传感器实物图如图 3-3-5 所示，传感器表面采用镀镍处理，具有较好的抗氧化性、导电性、耐用性，配合电位器可以调节灵敏度，控制土壤的湿度信号检测。

土壤湿度传感器是通过判断土壤中水分含量的多少来判定土壤的湿度大小。如图 3-3-6 所示,当土壤湿度传感器的探头悬空时,三极管基极处于开路状态,三极管截止输出为 0;当将传感器插入土壤中时,由于土壤中水分含量不同,土壤的电阻值就不同,三极管的基极就提供了大小变化的导通电流,三极管集电极到发射极的导通电流受到基极控制,经过发射极的下拉电阻后转换成电压。

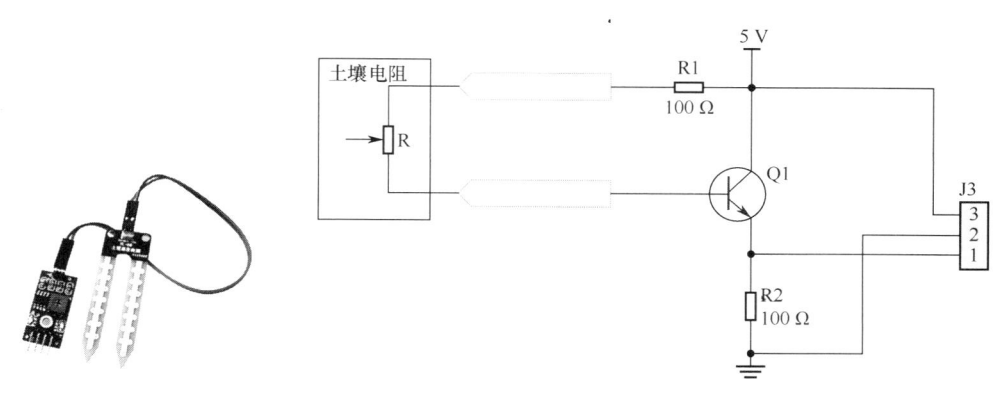

图 3-3-5　土壤湿度传感器实物图　　图 3-3-6　土壤湿度传感器工作原理图

当土壤缺水时,传感器输出值将减小,反之将增大。传感器表面做了镀镍处理,以便延长使用寿命。土壤湿度传感器接线图如图 3-3-7 所示,电源接 5 V,G 接 GND,模拟输出端接单片机模拟量输入引脚 A0~A5 之一。

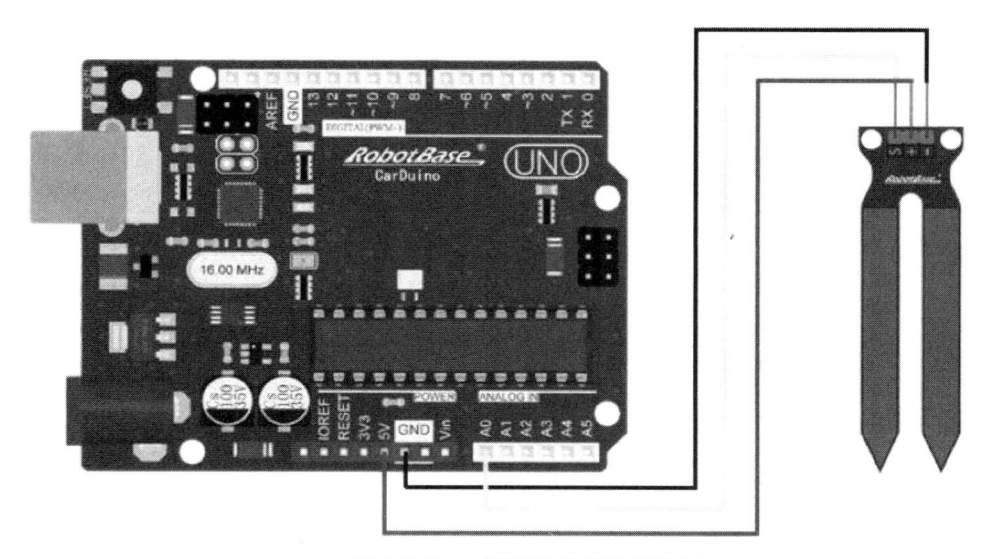

图 3-3-7　土壤湿度传感器接线图

3.3.3　舵机的工作原理

舵机是一种位置(角度)伺服的驱动器,适用于那些需要角度不断变化并可以保持的控制系统。在高档遥控玩具,如飞机、潜艇模型、遥控机器人中,舵机得到了普遍应用。

舵机主要由外壳、电路板、微型直流电机（或无核心马达）、变速齿轮、位置检测器（电位器或位置反馈电位计）等构成。其工作原理是，由接收机（或控制电路板）发出信号给舵机，电路板上的 IC 根据信号判断转动方向，再驱动电机开始转动，电机通过一系列齿轮组减速后传动至输出舵盘（摆臂），同时位置检测器会随舵机轴转动，并将转动的角度以电压信号的形式反馈回控制电路板，电路板根据这个反馈信号来判断舵机是否转动到了指定位置，并控制舵机转动到目标角度或保持目标角度。

舵机的控制通常采用 PWM 信号。一般来说，需要一个周期为 20 ms 的 PWM 信号，脉冲宽度一般为 0.5～2.5 ms，这个脉冲宽度决定了舵机的旋转角度。例如，当脉冲宽度为 1.5 ms 时，则舵机会旋转到中间位置（对 180° 舵机来说，就是 90° 位置）。如果脉冲宽度小于 1.5 ms，则舵机会向一个方向旋转，如果脉冲宽度大于 1.5 ms，舵机会向另一个方向旋转。通过这种方式，可以精确地控制舵机的旋转角度，满足各种应用场景的需求。

拓展知识点

1. 湿敏传感器

湿敏传感器是能够感受外界湿度变化，并通过器件材料的物理或化学性质变化，将湿度转化成有用信号的器件。

湿度的测量方式有以下几种，即采用伸缩式湿度计、干湿球湿度计、露点计和阻抗式湿度计等。伸缩式湿度计利用毛发、纤维素等物质随湿度变化而伸缩的性质，以前多用于自动记录仪、空调的自动控制等。阻抗式湿度计是根据湿敏传感器的阻抗值变化而求得湿度的一种湿度计。常用的湿敏传感器有以下两种。

（1）氯化锂湿敏电阻是利用吸湿性盐类潮解，离子导电率发生变化而制成的测湿元件。该元件由引线、基片、感湿层与电极组成。氯化锂湿敏元件的优点是滞后小，不受测试环境风速影响，检测精度高达±5%，但其耐热性差，不能用于露点以下测量，性能的重复性不理想，使用寿命短。

（2）半导体陶瓷湿敏电阻通常是用两种以上的金属氧化物半导体材料混合烧结而成的多孔陶瓷。典型的半导体陶瓷湿敏电阻有亚铬酸镁-氧化钛陶瓷湿度传感器、氧化镍陶瓷湿度传感器、氧化钛-五氧化二钒陶瓷湿度传感器。

2. 力传感器

力传感器（force sensor）是将力的量值转换为相关电信号的器件。力是引起物质运动变化的直接原因。力传感器能检测张力、拉力、压力、重量、扭矩、内应力和应变等力学量。具体的器件有金属应变片、压力传感器等，在动力设备、工程机械、各类工作母机和工业自动化系统中，力传感器是不可缺少的核心部件。

力传感器主要由以下 3 个部分组成。

（1）力敏元件（即弹性体，常见的材料有铝合金、合金钢和不锈钢）。

（2）转换元件（最为常见的是电阻应变片）。

（3）电路部分（一般有漆包线、印制电路板等）。

力传感器可以根据其工作原理和应用场景进行分类。以下是几种常见的力传感器及其特点。

（1）压力传感器：主要用于测量流体（液体或气体）对某一表面的垂直作用力，如液压系统中的油压或气压系统中的气压。压力传感器的工作原理包括压阻式、电容式和压电式等。

（2）测力传感器：重点测量各种形式的力，包括拉力、压力、剪切力等。例如，起重机起吊重物的拉力或冲压机对工件的压力。测力传感器的工作原理包括应变式和压电式等。

（3）力学传感器：涵盖的测量对象更为广泛，包括力、力矩、加速度、位移等与力学相关的物理量。例如，测量物体所受的力、物体的加速度和位移变化。力学传感器的定义更宽泛，涉及多个力学参数的测量。

（4）称重传感器：主要用于测量物体的重量，即重力作用在传感器上的力。例如，在电子秤、地磅等设备中使用。称重传感器通常以质量单位（如千克、克）或力的单位（如牛顿）来表示测量结果。

此外，还有一些其他类型的力传感器，如弹性敏感元件、电阻应变片传感器、压电传感器、电容式传感器和电感式传感器。

举一反三

使用力传感器制作一台家用电子秤，这样喜欢烘焙的人就可以准确计量食物配料重量，让家庭生活更加方便、智能。

任务小结

本次任务将前面知识点进行了融合。对于复杂的任务，可以将其拆分成几个子任务，这样程序调试起来比较简单，也容易出成果，最后再将这些子任务整合后进行调试。

| 任务3.3教学视频 | 温湿度传感器在线仿真 | 酒精检测在线仿真 | 电子秤在线仿真 |

项目 4 智能小车系统的设计与实施

本项目从智能循迹小车的设计与实现入手，使读者初步掌握智能小车的运动控制原理，在智能循迹小车的设计与实现过程中学习直流电机、电机驱动模块、红外循迹模块的使用方法，最后通过制作两轮平衡小车，更深一步学习加速度传感器、陀螺仪、霍尔编码器，了解 PID 控制（比例积分微分控制）原理，实现平衡小车的运动控制。

任务 4.1 智能循迹小车的设计与实现

教学导航

知识目标
- 了解传感器（红外传感器、超声波传感器）的工作原理与使用方法。
- 掌握直流电机的基本知识及驱动方式。
- 掌握通过反馈机制实现自适应控制。
- 掌握较复杂程序的编写和调试方法。

技能目标
- 能够根据任务要求正确搭建实验电路。
- 能够读懂较复杂的电路图，并根据电路图搭建测试电路。
- 能够使用高级语言编写程序并完成程序编译和调试。
- 具备将多个硬件模块（传感器、电机、主控板等）集成的能力，并能对其进行调试。

重点、难点
- 电机的驱动方式，以及控制电机速度和方向的技巧。
- 循迹小车的搭建与控制程序的编译及调试。

任务描述、目的及要求

智能小车是移动机器人的重要组成部分，而移动机器人不仅能在经济、国防、教育、文化和生活中起到越来越大的作用，还是研究复杂智能行为的产生、探索人类思维模式的

项目4 智能小车系统的设计与实施

有效工具与实验平台。

两个驱动轮对称分布在小车左右两侧，小车尾部采用无动力万向轮支撑，即可保证车辆稳定又省去一个驱动轮。通过分布在小车底部左右轮前方的两个寻迹探头来检测地面的黑线。利用了黑色对光的反射能力很弱，白色对光的反射能力较强的原理。例如，放置车辆的时候小车偏左，小车底部的右边探头就会检测到地面的黑线，单片机就调用右转弯的函数使小车右转。当转过弯后，反复循环探测是否压到黑线。如果小车的两侧都检测不到黑线，那么判断黑线在两轮之间，小车就直行，如此反复循环，就实现小车寻迹功能。

电路设计

本设计利用 Arduino 单片机作为主控制器，结合红外循迹模块、电机驱动模块、直流电机等硬件组件，搭建循迹小车硬件，使用 C 语言来编写代码，实现小车的自动循迹与启停控制等功能，从而使小车可以按照正确的路线来行驶。系统总体架构图如图 4-1-1 所示，采用外接电池作为系统电源，以便小车行走，红外循迹模块位于车轮前方，进行黑线探测并将信号输入给 Arduino 单片机，单片机通过电机驱动模块控制左右驱动轮电机，以实现小车转弯或直行。

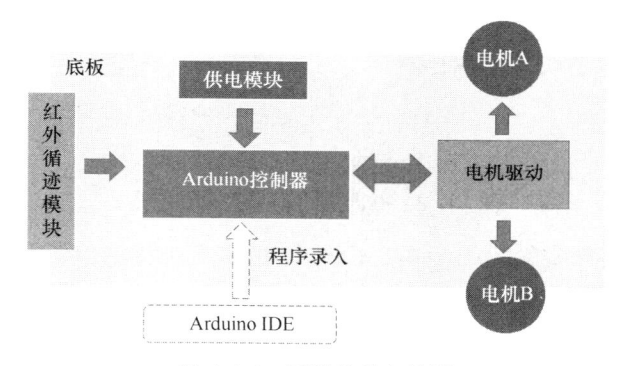

图 4-1-1 系统总体架构图

智能循迹小车实物图如图 4-1-2 所示。小车各组件、模块主要安装在底板上下两侧，上侧包含电池盒、Arduino 主板和扩展板、电机驱动模块 L298N，下侧包含直流电机和轮胎、红外循迹模块等。电池盒给整个系统运行提供电源，Arduino 主板作为控制核心，连接着电机驱动模块 L298N 和红外循迹模块。电机驱动模块接收到来自 Arduino 主板的控制信号后，通过脉冲输出控制电机。

1. 小车运动控制

智能循迹小车的运动形式如图 4-1-3 所示。智能循迹小车要沿着黑线移动，主要有 5 种动作：前进、左转、右转、后退、停止。其中，左转、右转又可以分为大转弯和小转弯。左转、右转都通过两个轮子的速度差实现：若左轮速度>右轮速度，则左转；若左轮速度<右轮速度，则右转。速度差越大，转弯越大。因此，可以设置速度差，实现大转弯和小转弯。当一个轮子的速度为 0，另外一个轮子的速度不为 0 的时候，小车会绕着速度为 0 的轮子转圈，转圈的半径为两个轮子的轮间距，但实际上会发生轮子打滑的情况，所以会

有点偏移。

图 4-1-2　智能循迹小车实物图

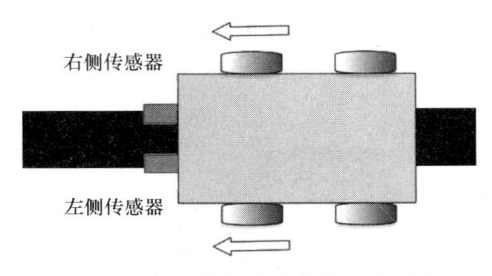

图 4-1-3　智能循迹小车的运动形式

智能循迹小车底部实物图如图 4-1-4 所示。智能循迹小车用两个直流电机作为动力，因此，可以控制电机的速度，以进行小车的速度控制。因此，实际控制小车的几个动作，就转化为控制电机的速度。

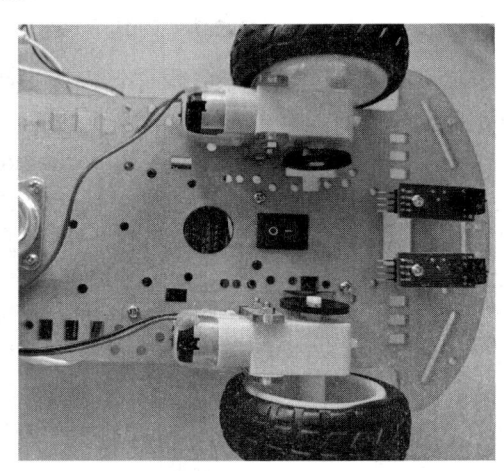

图 4-1-4　智能循迹小车底部实物图

控制方向：由于是直流电机，所以只需控制两个引脚 A、B。如果给 5 V 电压，A 接正极，B 接负极，那么电机往一个方向运动；如果 A 接负极，B 接正极，那么电机反方向运动。因此，通过调节 A 和 B 的接线，就能控制电机正反转。

控制速度：如果给 3.5 V 电压，那么电机的速度会比 5 V 的慢，因此可以通过控制电机的输入电压而控制轮胎（电机）的转速。

人为地调节 A、B 的接线，就太复杂了，怎么解决呢？人为地改变电机的输入电压、调节滑动变阻器等，也比较复杂，而且不够实时、快速，怎么解决这个难题呢？一般需要用到电机驱动模块，常用的电机驱动模块有 L298N、TB6612 模块或者 MOS 管驱动电路。

2．减速电机

在智能循迹小车制作的过程中，接触到的是提供动力输出的减速电机，这种电机被广泛地应用于各种玩具之中。减速电机实物图如图 4-1-5 所示，它由两部分组成，如图 4-1-6 所示。图中右侧是微型 130 电动机，左侧是微型减速箱。

图 4-1-5　减速电机实物图　　　　图 4-1-6　减速电机拆解

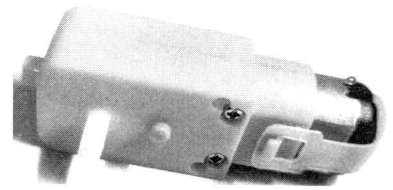

减速箱的内部包含了一组齿轮。在实际使用中，绝大部分的电动机都要和减速箱配合使用，因为一般的电机转速都在每分钟几千转甚至 1 万转以上，而在实际的使用中并不需要这么快的转速。减速箱则可以根据不同的减速比来输出不同的转速。减速箱的另外一个用途就是在降低转速的同时，增加输出的扭矩，使转动的"力量"（扭矩实际是转动的力矩）变大。减速箱的内部结构如图 4-1-7 所示。减速箱由多组齿轮组成，从而实现降低输出轴速度、增大输出轴扭矩的目的。

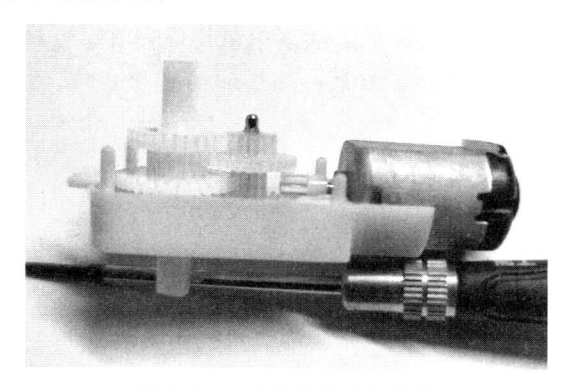

图 4-1-7　减速箱的内部结构

通常情况下，减速电机常见的减速比有 1∶48、1∶120 和 1∶220。意思就是可以将输出转速降低到原始电机转速的 1/48、1/120 和 1/220。本实验中所采用的是减速比为 1∶48 的减速电机。

3. 电机驱动模块 L298N

L298N 是 SGS 公司生产的一款通用的电机驱动模块。其内部包含 4 路逻辑驱动电路，有两个 H 桥的高电压大电流全桥驱动器，接收 TTL 逻辑电平信号，可同时驱动两个直流电机工作，具有反馈检测和过热自断功能。利用 L298N 驱动电机时，主控芯片只需通过 I/O 口输出控制电平即可实现对电机转向的控制，编程简单，稳定性好。L298N 实物图如图 4-1-8 所示。它共有 15 个引脚，包括输入引脚、输出引脚、电源引脚、使能引脚等。L298N 的输入电源电压范围为 5~35 V，输出电压最大可达到 46 V，最大输出电流为 2 A。L298N 具有过载保护功能。在使用 L298N 时，需要根据电机额定电压和电流进行调整，以保证电路的稳定性和可靠性。

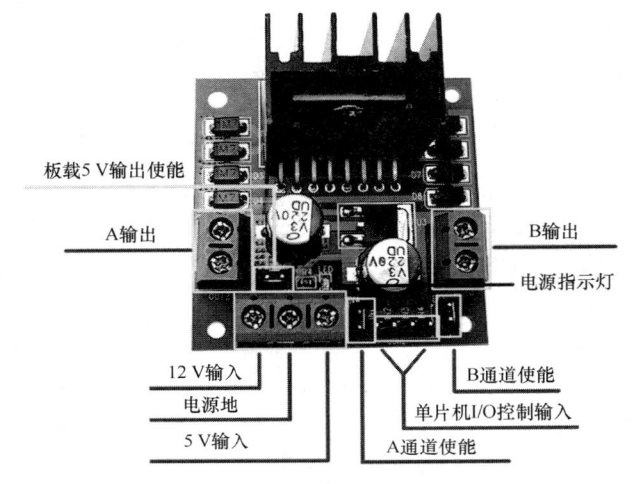

图 4-1-8 L298N 实物图

使用直流/步进两用驱动器可以驱动两台直流电机，分别为 M1 和 M2。引脚 A、B 可用于输入 PWM 信号以对电机进行调速控制。如果无须调速，则可将两引脚接 5 V，使电机工作在最高速状态，即将短接帽短接。实现电机正反转就更容易了，控制端 IN1 接高电平，控制端 IN2 接低电平，电机 M1 正转。如果控制端 IN1 接低电平，IN2 接高电平，则电机 M1 反转。控制另一台电机使用同样的方式，控制端 IN3 接高电平，控制端 IN4 接低电平，电机 M2 正转。PWM 信号端即调速端 A 控制 M1 调速，PWM 信号端即调速端 B 控制 M2 调速。详细的电机转向和调速方式如表 4-1-1 所示，通过控制端高低电平的不同组合，实现电机正转、反转、停止控制。

表 4-1-1 详细的电机转向和调速方式

电机	旋转方式	控制端 IN1	控制端 IN2	控制端 IN3	控制端 IN4	调速端 A	调速端 B
M1	正转	高	低	/	/	高	/
M1	反转	低	高	/	/	高	/
M1	停止	低	低	/	/	高	/
M2	正转	/	/	高	低	/	高
M2	反转	/	/	低	高	/	高
M2	停止	/	/	低	低	/	高

项目4　智能小车系统的设计与实施

4．红外循迹模块

本次循迹小车使用的红外循迹模块为 TCRT5000（一款反射式光电传感器），其实物图如图 4-1-9 所示。该模块对环境光线的适应能力强，其具有一对红外线发射与接收管，发射管发射出一定频率的红外线，当检测方向遇到障碍物（反射面）时，红外线反射回来被接收管接收，经过比较器电路处理之后，绿色指示灯会亮起，同时信号输出接口输出数字信号（一个高电平信号），工作电压为 3.3～5 V。该模块的探测距离可以通过电位器调节旋钮进行调节，有效距离范围为 2～30 cm，其具有干扰小、便于装配、使用方便等特点，可以广泛应用于电度表脉冲数据采样、传真机碎纸机纸张检测、流水线计数、机器人避障、避障小车及黑白线循迹等众多场合。

图 4-1-9　红外循迹模块 TCRT5000 实物图

TCRT5000 具有的特点如下。
（1）安装接线简便。
（2）安装使用时便于光路对齐。
（3）不受被检物的形状、颜色和材质影响。
（4）相对于对射型光电传感器，节省安装占用空间。

反射式光电传感器广泛应用于点钞机、限位开关、计数器、电机测速、打印机、复印机、液位开关、金融设备、娱乐设备（自动麻将机）、舞台灯光控制、监控云台控制、运动方向判别等。

本任务使用的传感器分别安装在车头下层的左右两侧，调整两个传感器的位置，确保两侧的传感器都能检测地面循迹的黑线。

5．Arduino 扩展板

Arduino 扩展板 Sensor Sheild 专为 Arduino Uno R3 控制板及其兼容控制板设计，其实物图与引脚图如图 4-1-10 所示。其采用叠层设计，引出了 Uno R3 主板上所有的 I/O 口，并板载了两个 LED、复位按钮、外部电源接口等，还专门设计了专用端口，如蓝牙模块等，使用非常方便，适合初学者。这款传感器扩展板的强大扩展能力、兼容性和易用性，使 Arduino 初学者不必为烦琐、复杂的电路连线而头疼。

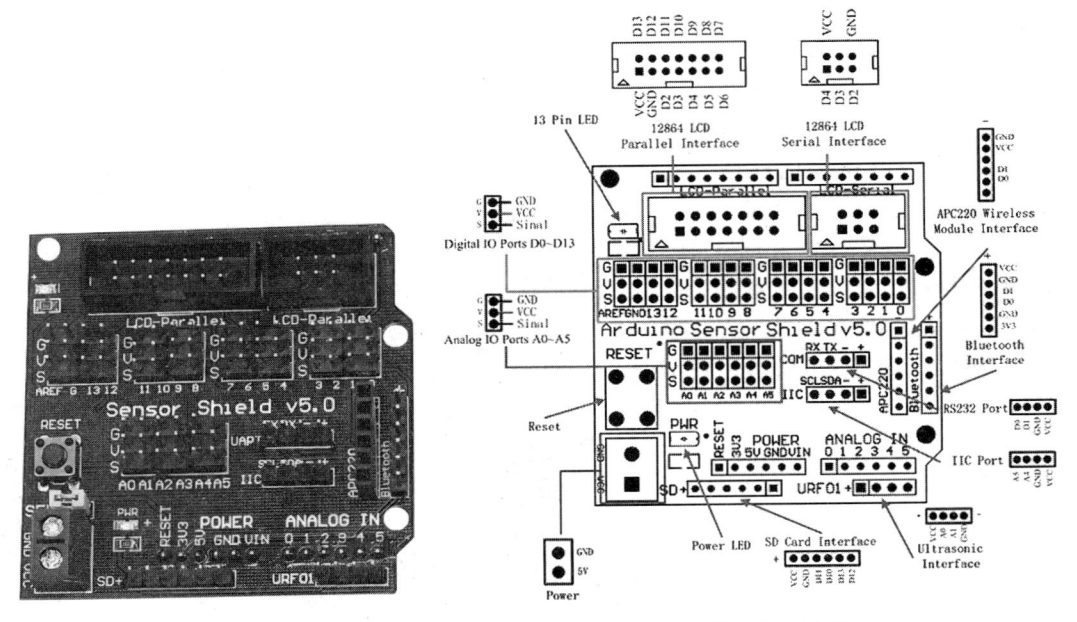

图 4-1-10　Arduino 扩展板 Sensor Sheild 实物图与引脚图

Sensor Shield V5.0 是一款 Arduino 扩展板，它提供了多个数字和模拟信号输入输出接口，可以方便地连接和控制各种传感器和执行器。Arduino 扩展板采用标准 Arduino 接口和排针，方便与 Arduino 主板连接。它提供 14 个数字输入输出接口，其中 6 个接口支持 PWM 输出，1 个接口支持外部中断；它提供 8 个模拟输入接口，可连接各种模拟传感器；它提供 I2C 和 SPI 接口，可连接各种数字传感器和存储器；它提供串口和蜂鸣器接口，可连接串口设备和蜂鸣器；它提供电源接口和电源选择开关，支持外部电源和 Arduino 主板电源切换。将 Sensor Shield V5.0 插入 Arduino 主板的排针上。

根据需要，将各种传感器和执行器连接到 Sensor Shield V5.0 的相应接口上。例如，将 LED 连接到数字输出接口上，将温度传感器连接到模拟输入接口上。Sensor Shield V5.0 是一款非常实用的 Arduino 扩展板，它可以方便地连接和控制各种传感器和执行器，为 Arduino 项目提供了更多的扩展和应用可能性。Arduino 扩展板与电机驱动模块接线如图 4-1-11 所示，IN1~IN4 连接在 4~7 引脚上（或者直接与 Arduino 主板的对应引脚相连）。Arduino 扩展板与红外循迹模块接线如图 4-1-12 所示，这里 V 代表 VCC 电源正极，G 代表 GND 接地，红外循迹模块输入分别接到 A1、A2 两个模拟输入引脚。

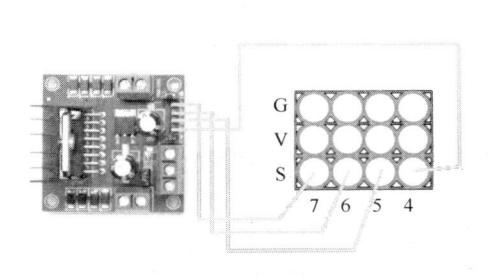

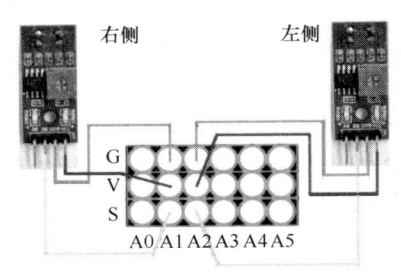

图 4-1-11　Arduino 扩展板与电机驱动模块接线　　图 4-1-12　Arduino 扩展板与红外循迹模块接线

项目4 智能小车系统的设计与实施

程序设计

1. 测试轮子前进

在 Arduino IDE 中编写以下代码,包括 setup() 和 loop() 两部分程序。查看启动后小车是否能正常前进。

```
void setup(){
  pinMode(4, OUTPUT);
  pinMode(5, OUTPUT);
  pinMode(6, OUTPUT);
  pinMode(7, OUTPUT);
}
void loop(){
  digitalWrite(4,HIGH);
  digitalWrite(5,LOW);
  digitalWrite(6,HIGH);
  digitalWrite(7,LOW);
}
```

2. 测试循迹传感器信号

当传感器检测到循迹的黑线时,控制电机转动。用手指挡住传感器,或者使小车远离循迹黑线,电机停止。在 Arduino IDE 中下载以下代码,包括 setup() 和 loop() 两部分程序。

```
/*  循迹传感器测试代码  */
void setup ()
{
  pinMode(4, OUTPUT);
  pinMode(5, OUTPUT);
}
void loop ()
{
  if (digitalRead(A1) == 1)
  {
    digitalWrite(4,HIGH);
    digitalWrite(5,LOW);
  }
  else
  {
    digitalWrite(4, LOW);
    digitalWrite(5,LOW);
  }
}
```

3. 智能循迹小车程序

智能循迹小车的核心是 TCRT5000,调试程序时,一般要求红外循迹模块距离待检测黑线的距离为 1～2 cm，由于黑色具有较强的吸收能力，当红外循迹模块发射的红外线照射到黑线时，红外线将会被黑线吸收，导致红外循迹模块上的光敏三极管处于关闭状态，此时该模块上的一个 LED 熄灭。在没有检测到黑线时，模块上的两个 LED 应常亮。

根据图 4-1-13 所示的智能循迹小车流程图，编写相应的程序代码，以实现小车的完整功能。以下的 go()、left()、right()、stop()自定义函数为小车运动函数，在程序主循环中，通过读取两个传感器 A1 和 A2 的状态，调用相应的小车运动函数以实现智能循迹小车的功能。

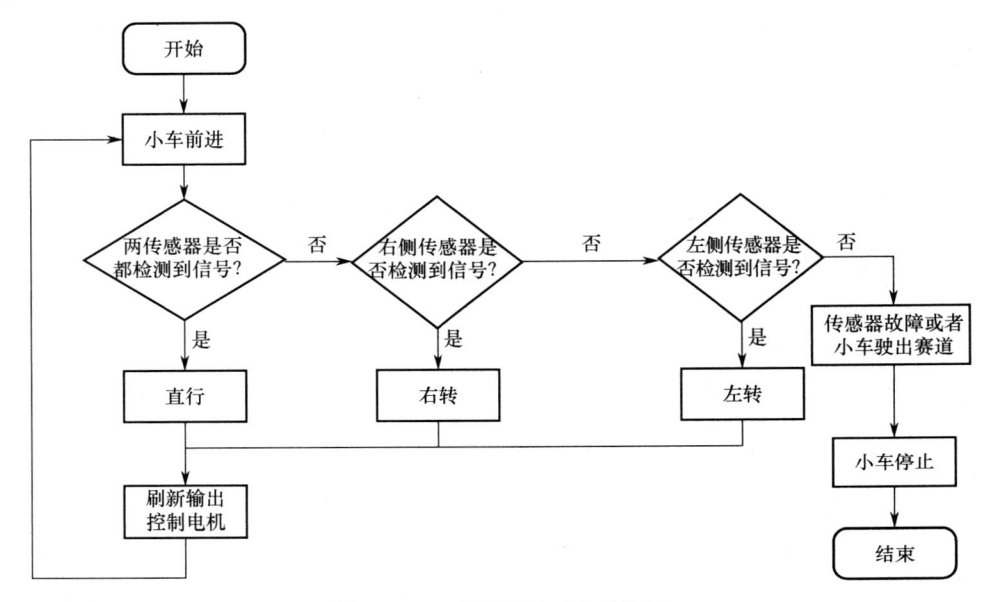

图 4-1-13　智能循迹小车流程图

```
void go() {
  digitalWrite(4,HIGH);
  digitalWrite(5,LOW);
  digitalWrite(6,HIGH);
  digitalWrite(7,LOW);
}
void left() {
  digitalWrite(4,HIGH);
  digitalWrite(5,LOW);
  digitalWrite(6,LOW);
  digitalWrite(7,LOW);
}
void right() {
  digitalWrite(4,LOW);
  digitalWrite(5,LOW);
  digitalWrite(6,HIGH);
  digitalWrite(7,LOW);
}
void stop() {
  digitalWrite(4,LOW);
```

```
    digitalWrite(5,LOW);
    digitalWrite(6,LOW);
    digitalWrite(7,LOW);
}
void setup(){
    pinMode(4, OUTPUT);
    pinMode(5, OUTPUT);
    pinMode(6, OUTPUT);
    pinMode(7, OUTPUT);
    pinMode(A2, INPUT);
    pinMode(A1, INPUT);
}
void loop(){
    if (digitalRead(A2) == 0 && digitalRead(A1) == 0) {
        stop();
    } else if (digitalRead(A2) == 1 && digitalRead(A1) == 0) {
        right();
    } else if (digitalRead(A2) == 0 && digitalRead(A1) == 1) {
        left();
    } else if (digitalRead(A2) == 1 && digitalRead(A1) == 1) {
        go();
    }
}
```

任务的调试运行

（1）准备好所需的硬件组件，包括主控板 Arduino、红外循迹模块、电机驱动模块、车体框架等，根据电路图连接硬件电路。

（2）创建一个合适的测试环境，如铺设一条适合小车循迹的路轨（如黑色电工胶布），确保其对比强烈且清晰，以帮助传感器准确识别。

（3）单独测试每个硬件模块，确保它们正常工作。例如，使用 LED 指示灯测试传感器的状态、测试电机驱动模块等。

（4）编写并下载小车的控制程序，确保能够读取传感器数据，并根据数据控制电机的动作。调整传感器灵敏度，设定合理的阈值，以便小车能够准确识别轨迹（如在黑线与白背景之间的判断）。

（5）完成所有调试后，进行一个系统性的综合测试，确保小车在不同情况下都能稳定运行。

知识点

4.1.1 光电传感器的工作原理

本次智能循迹小车使用的循迹传感器是光电传感器，是通过把光照度的变化转换成电信号的变化来实现控制的。在一般情况下，光电传感器由 3 部分构成：发射器、接收器和检测电路。发射器对准目标发射光束，发射的光束一般来源于半导体光源，如 LED、激光二极管及红外发射二极管。接收器由光电二极管、光电三极管、光电池组成。在接收器的前面，装有光学元件，如透镜和光圈等。在其后面是检测电路，它能滤出有效信号和应用该信号。

分类和工作方式。

（1）槽型光电传感器把一个发射器和一个接收器面对面地装在一个槽的两侧。发射器能发出红外光或可见光，在无阻情况下接收器能收到光。但当被检测物体从槽中通过时，光被遮挡，光电传感器便输出一个开关控制信号，切断或接通负载电流，从而完成一次控制动作。槽型光电传感器的检测距离因为受整体结构的限制一般只有几厘米。

（2）对射型光电传感器若把发射器和接收器分离开，就可使检测距离加大。由一个发射器和一个接收器组成的光电开关被称为对射分离式光电传感器，简称对射型光电传感器。它的检测距离可达几米乃至几十米。使用时把发射器和接收器分别装在检测物通过路径的两侧，检测物通过时阻挡光路，接收器就输出一个开关控制信号。

（3）反射式光电传感器（反光板型光电开关）把发射器和接收器装入同一个装置内，在它的前方装一块反光板，利用反射原理完成光电控制作用。正常情况下，发射器发出的光被反光板反射回来而被接收器收到；一旦光路被检测物挡住，接收器收不到光时，光电开关就输出一个开关控制信号。它的检测头里也装有一个发射器和一个接收器，但前方没有反光板。正常情况下，对于发射器发出的光，接收器是接收不到的。当检测物通过时挡住了光，并把部分光反射回来，接收器就收到光信号，输出一个开关控制信号。

4.1.2 减速电机的参数

了解了减速电机的基本构造之后，在使用前最关心的就是其电气参数了。因为这种电机通常用在电动玩具中，所以除了外观尺寸形成了一个大概的约定俗成，并没有统一性能指标。通常情况下的供电电压为 3~12 V，空载电流在 100 mA 左右，堵转的最大电流可能达到 1.5 A。而转速则受到供电电压的影响，电压越高、转速也越高。电机本身的输出转速大概在 10 000 r/min 左右。这些参数都是一个大概的值，不同厂家生产的电机的参数不尽相同。

另外一个需要注意的地方就是减速电机有单出轴和双出轴之分。单出轴就是只在减速箱的一侧有动力输出轴，而双出轴的两侧都有动力输出轴，两侧输出轴的转速是相同的。本节采用的是双出轴减速电机，一侧用来安装轮胎，另一侧将来可以用来安装码盘。这样可以实时地检测出轮子的转速，对小车实现更精准的运动控制。

举一反三

本节制作的小车只具有循迹功能，能否让这台小车具备避障功能？可以在车头上方增加一个超声波传感器，将超声波传感器绑在舵机上，就可以实现扫描避障功能，也可以在车头前方增加红外传感器来探测障碍物。动动手，看看是否能够做出来？

任务小结

调试与运行智能循迹小车是一个需要细致入微与耐心的过程。通过系统的方法进行调试,并仔细观察每个环节的表现,进行及时调整,能够有效提高小车的性能。不断地测试和优化是确保项目成功的关键。

扫描二维码观看本任务教学视频。

任务 4.1 教学视频

任务 4.2 平衡小车的设计与实现

教学导航

知识目标
- 掌握电机的工作原理,尤其是如何控制电机的转速和方向。
- 掌握传感器、加速度计和陀螺仪的工作原理及其在姿态控制中的应用。
- 理解 PID 控制的基本原理及其在动态平衡控制中的应用。

技能目标
- 能根据具体实验任务搭建实验电路。
- 能够设计和搭建完整的电路,包括电源、电机驱动和传感器模块。
- 能够编写实时控制程序,并调试和优化代码,以确保系统稳定运行。

重点、难点
- 实现 PID 控制算法,使得平衡小车能够迅速稳定在直立状态。
- 通过 PWM 信号控制电机的转速和方向。

任务描述、目的及要求

设计并实现一款两轮自平衡车辆,该车辆能够在瞬时改变方向或速度的情况下保持自我平衡,能够根据外部指令(如遥控器、手机 App 或传感器输入)进行运动,最终实现自主导航和稳定行驶。该项目涉及硬件设计、软件编程、控制算法开发以及整个系统的集成与调试。

电路设计

平衡小车的运动控制硬件结构如图 4-2-1 所示，相较于循迹小车，除了传感器模块、供电模块、Adruino 控制器、电机驱动和电机，平衡小车还包含了蓝牙模块（以接收来自手机或其他蓝牙控制器的命令），以及在电机末端集成的编码器（用以反馈电机的运动）。

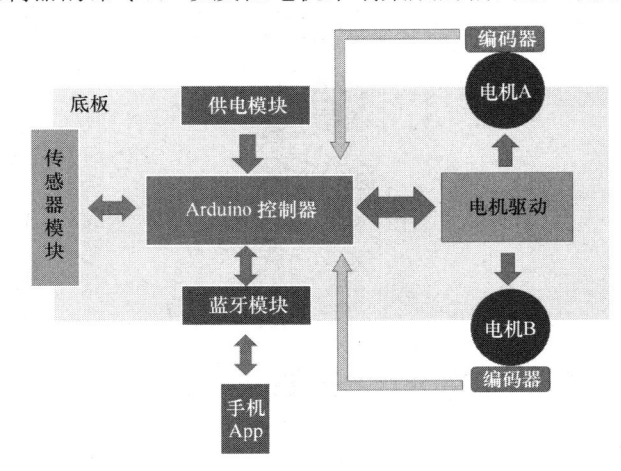

图 4-2-1 平衡小车的运动控制硬件结构

平衡小车实物图如图 4-2-2 所示，在底板的上下两侧分布着以下硬件。

上侧包含：电池盒、Arduino 主板、蓝牙模块、平衡传感器、电机驱动。

下侧包含：带霍尔编码器的直流电机及轮胎。

整个小车的底板较小，电池盒单独布置在一层，最上层加装透明亚克力板后可用于装载其他重物。底层为 Arduino 主板及扩展板，在扩展板上的各接口处安装对应的蓝牙模块、平衡传感器模块以及驱动模块。电池盒给整个系统运行供电，Arduino 主板作为控制核心。

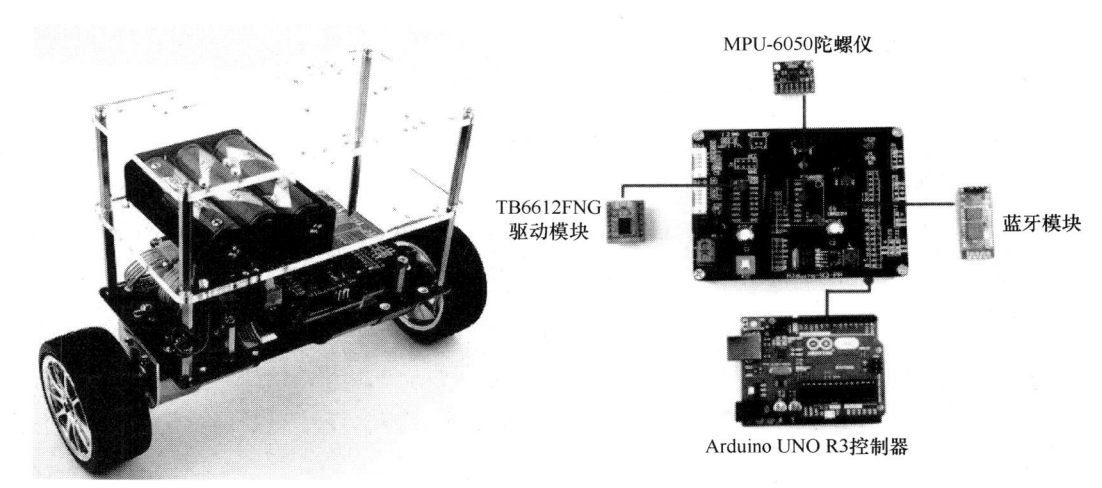

图 4-2-2 平衡小车实物图

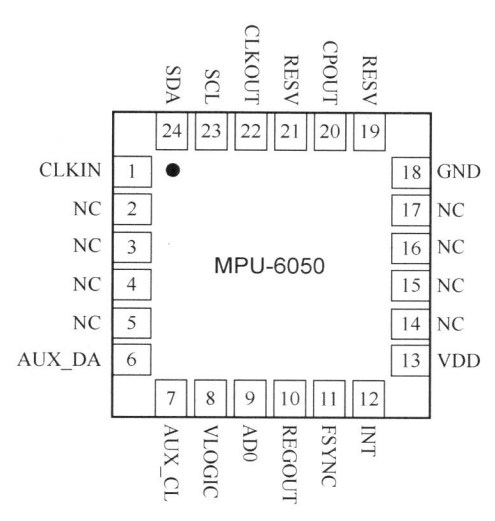

1. 平衡传感器 MPU-6050

MPU-6050 的引脚如图 4-2-3 所示。MPU-6050 集成了加速度传感器和陀螺仪，可获得小车的角度和角速度两种数据。MPU-6050 是具有数字接口（I2C 接口）的传感器，便于单片机接口设计。

图 4-2-3　MPU-6050 的引脚

MPU-6050 是全球首例整合性六轴运动处理组件，俗称六轴陀螺仪（x、y、z 三轴的倾斜角度和三轴方向的加速度）。它是集陀螺仪和加速度计于一体的芯片，在极大程度上免除了独立使用陀螺仪和加速度计在时间上的误差，而且减少了占用 PCB 的空间。

MPU-60X0（X 为 0 或 5）对陀螺仪和加速度计分别用了 3 个 16 位的 ADC，将其测量的模拟量转化为可输出的数字量。为了精确跟踪快速和慢速的运动，传感器的测量范围都是用户可控的，陀螺仪可测范围为±250°/秒、±500°/秒、±1 000°/秒、±2 000°/秒，加速度计可测范围为±2 g、±4 g、±8 g、±16 g，其中 g 为重力加速度，g = 9.8 m/s^2。一个片上 1 024 字节的 FIFO（first in first out，先进先出的数据存储和缓冲机制），有助于降低系统功耗。

MPU-60X0 和所有设备寄存器之间的通信采用 400 kHz 的 I2C 接口或 1 MHz 的 SPI 接口（SPI 仅 MPU-6000 可用）。对于需要高速传输的应用，对寄存器的读取和中断可用 20 MHz 的 SPI。另外，片上还内嵌了一个温度传感器和在工作环境下仅有±1%变动的振荡器。芯片尺寸为 4 mm×4 mm×0.9 mm，采用 QFN 封装（方形扁平无引脚封装），可承受最大 10 000g 的冲击，并有可编程的低通滤波器。关于电源，MPU-60X0 可支持 VDD 范围（2.5±5%）V、（3.0±5%）V 或（3.3±5%）V。另外，MPU-6050 还有一个 VLOGIC 引脚，用来为 I2C 输出提供逻辑电平。VLOGIC 电压可取（1.8±5%）V 或 VDD。MPU-6050 三轴示意图如图 4-2-4 所示，它为智能平衡小车融合 z 轴和 y 轴夹角，实现小车平衡，所以安装 MPU-6050 到平衡小车上时，确保 y 轴方向要与小车的前进和后退方向一致。

MPU-6050 实物图如图 4-2-5 所示，它内部自带稳压电路，可兼容 3.3 V/5 V 的供电电压，采用先进的数字滤波技术，提高精度的同时抑制了测量噪声。在通信方面，MPU-6050

保留了 I2C 接口，高级用户能够采样底层测量数据。值得一提的是，芯片集成了数字运动处理器（digital motion processor，DMP），实现平衡小车姿体平衡。其从陀螺仪、加速度计以及外接的传感器接收并处理数据，处理结果可以从 DMP 寄存器读出，或通过 FIFO 缓冲。MPU-6050 接线如图 4-2-6 所示，这里 SDA 和 SCL 分别接 Arduino 主板的 A4 和 A5 引脚。

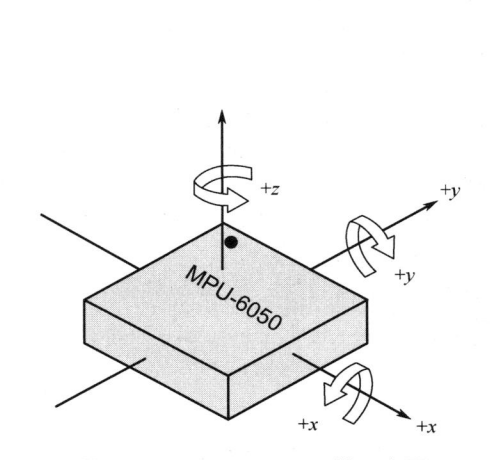

图 4-2-4　MPU-6050 三轴示意图 　　　　图 4-2-5　MPU-6050 实物图

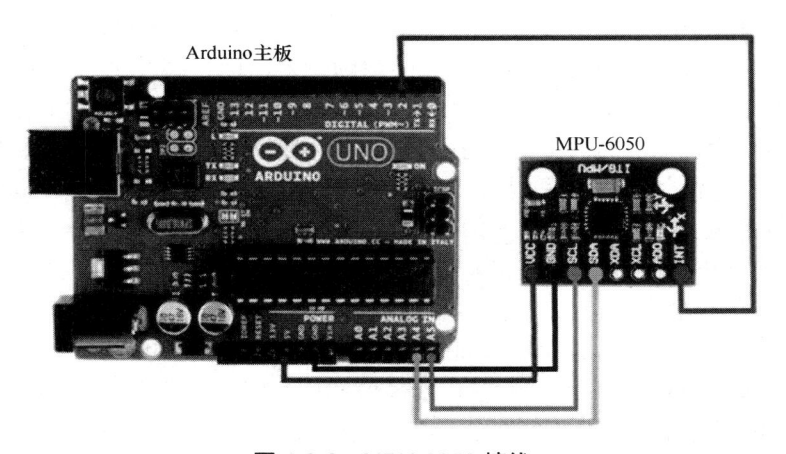

图 4-2-6　MPU-6050 接线

2. 电机驱动模块 TB6612FNG

TB6612FNG 是东芝公司生产的一款驱动电机的 IC，其实物图如图 4-2-7 所示。一个 TB6612FNG 可以驱动两个电机，每一个驱动都有两个逻辑输入引脚，一个输出引脚和一个 PWM 引脚。可以通过给两个逻辑输入引脚不同的电平来控制电机的运行状态，通过 PWM 输入引脚实现电机调速。TB6612FNG 具有以下特点。

图 4-2-7 TB6612FNG 实物图

（1）电源电压最大可到 15 V。
（2）输出电流最大可达 3.2 A。
（3）内置热停机电路和低压检测电路。
（4）有正转、反转、短制动和停止 4 种模式。

上一个智能循迹小车项目中，使用了 L298N 模块进行电机驱动，相比于 L298N，TB6612FNG 有很多改进的优点。

发热少，不需要散热片，支持高达 100 kHz 的 PWM 输入（L298N 是 10～20 kHz）。
体积小，外围电路简单，只需要外接电源滤波电容就可以直接驱动电机。

TB6612FNG 可以同时驱动两路电机，其与电机的连接如图 4-2-8 所示。TB6612FNG 直接连接电机线，输出控制电压，具体的引脚说明如下。

VM：接 12 V 电压（电机的额定电压）。
VCC：模块内部逻辑供电，3.3 V 或 5 V 都可。
GND：接地，3 个 GND 有一个接地就行。
STBY：置高，模块正常工作，一般 3.3 V 或 5 V 即可。
PWMA：单片机输出 PWM 信号，占空比为 0～100，对应控制输出电压，控制电机转速。一般输出 10 kHz 的 PWM 就行。
AIN1/AIN2：连接单片机 I/O，控制电压方向，从而控制电机转动方向。
AO1 AO2/BO1 BO2：两路电机驱动，分别连接两个电机，作为 TB6612FNG 的输出口。

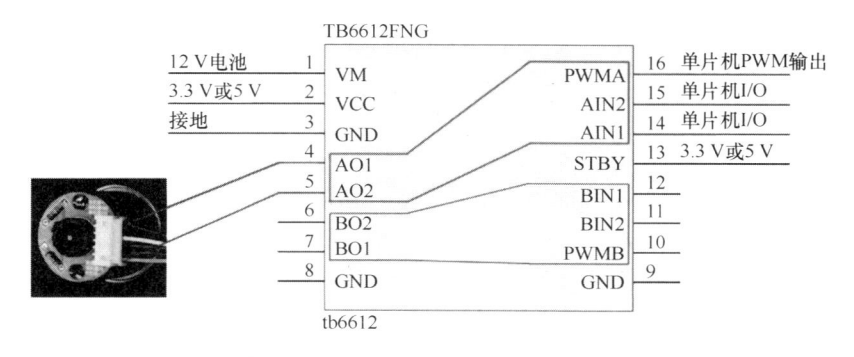

图 4-2-8 TB6612FNG 与电机的连接

3. 蓝牙模块

蓝牙模块是指集成蓝牙功能的芯片基本电路集合，用于无线网络通信，大致可分为三大类型：数据传输模块、蓝牙音频模块、蓝牙音频+数据二合一模块。作为取代数据电缆的短距离无线通信技术，蓝牙支持点到点以及点到多点的通信，以无线方式将家庭或办公室中的各种数据和语音设备连成一个微微网，几个微微网还可以进一步实现互联，形成一个分布式网络，从而在这些连接设备之间实现快捷而方便的通信。蓝牙模块实物与接线图如图 4-2-9 所示，此模块是一款专为数据传输设计的蓝牙模块，遵循蓝牙 2.0 协议，支持 SPP（蓝牙串口协议），支持 UART 接口，具有成本低、兼容性好、功耗低等优点。

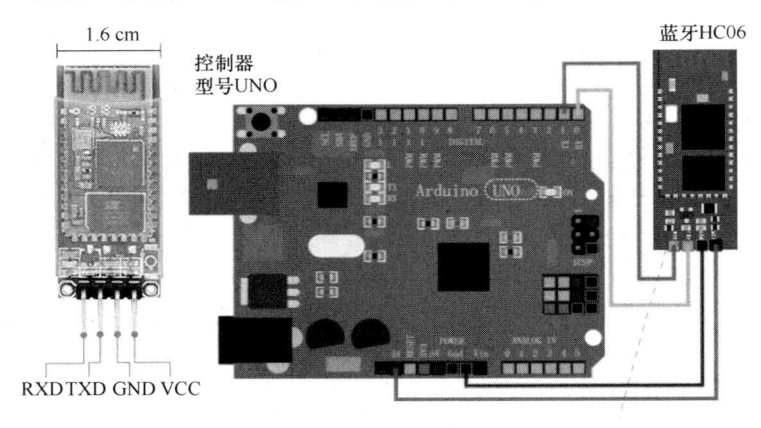

图 4-2-9 蓝牙模块实物与接线图

蓝牙模块共有 4 个引脚 RXD、TXD、GND、VCC，各引脚的功能如下。
RXD：蓝牙模块信息接收端。
TXD：蓝牙模块信息发送端。
GND：电源负极接口。
VCC：电源正极接口。

在本项目中，蓝牙模块先与扩展板相连，信号引脚 RXD 和 TXD 再由扩展板与 Arduino 主板相连，即蓝牙模块信息发送端 TXD 接 Arduino 主板 RXD 接收端（0 脚），蓝牙模块信息接收端 RXD 接 Arduino 主板 TXD 发送端（1 脚）。

4. 霍尔编码直流电机

为了确保小车及时反馈运动状态，采用带编码器的电机作为动力源。带霍尔编码器的直流电机实物图如图 4-2-10 所示。平衡小车所使用的直流电机由 3 部分组成：直流电机、减速器和霍尔编码器。一般直流电机的转速很快，可以达到每分钟几千上万转的转速，但是这样的转速导致扭矩很小，而且实际中经常会用到转速小、扭矩大的电机，这个时候就要用到减速器了。减速器可以降低转速、提高扭矩。减速后直流电机的扭矩增大、可控性增强。

图 4-2-10 带霍尔编码器的直流电机实物图

编码器是将信号或数据进行编制、转换为可用于通信、传输和存储的信号形式的设备。编码器把角位移或直线位移转换成电信号,称前者为码盘,称后者为码尺。按照读出方式,编码器可以分为接触式和非接触式两种;按照工作原理,编码器可分为增量式和绝对式两类。增量式编码器是将位移转换成周期性的电信号,再把这个电信号转变成计数脉冲,用脉冲的个数表示位移的大小。绝对式编码器的每一个位置对应一个确定的数字码,因此它的示值只与测量的起始和终止位置有关,而与测量的中间过程无关。霍尔编码器接线如图 4-2-11 所示。霍尔编码器中有两个霍尔元件,分别称之为 A 和 B。这两个元件可以感知沿特定方向的磁场,并产生与磁场有关的霍尔电压。A 和 B 霍尔元件的位置相邻,但相位差为 90 度。霍尔编码器的工作原理如图 4-2-12 所示,码盘与电机主轴同轴,等分分布有多个磁极。电机转动时,霍尔元件会输出若干脉冲信号,这些脉冲信号用于测速和判断电机转向。霍尔编码器的线数决定了转动一圈产生的脉冲数,例如,11 线的霍尔编码器旋转一圈会产生 11 个脉冲。通过检测单位时间内产生的脉冲数,可以计算出电机的转速。测量转动方向则是通过检测 A 相和 B 相的电平变化来实现的,正转时 A 相领先,反转时 B 相领先。

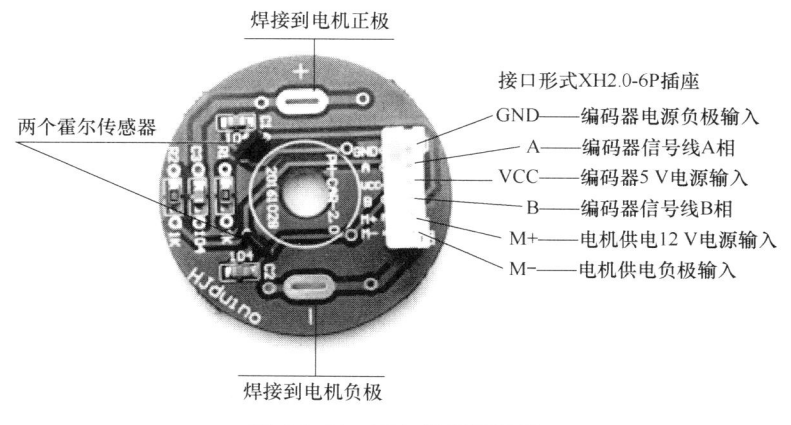

图 4-2-11 霍尔编码器接线

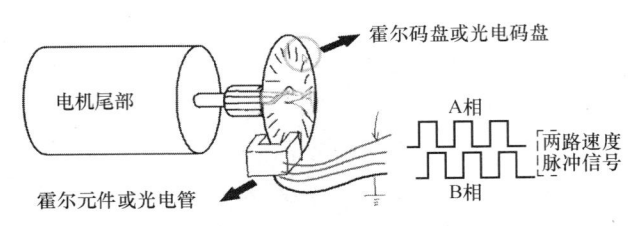

图 4-2-12　霍尔编码器的工作原理

5. 平衡小车硬件组装

如图 4-2-13 所示，先将霍尔编码直流电机通过支架安装固定在底板下侧，然后安装上轮胎，在底板上侧先依次通过 4 个铜柱安装固定扩展板，然后分别在扩展板的上侧安装蓝牙模块、平衡传感器模块、电机驱动模块，如图 4-2-14 所示。在扩展板下侧安装 Arduino 主板，再将两层亚克力板通过 8 根长铜柱安装固定，形成第二层和第三层，在第二层安装电池盒，最后将各模块引脚连线，如图 4-2-15 和图 4-2-16 所示。

图 4-2-13　平衡小车底面安装示意图 　　　图 4-2-14　平衡小车顶面安装示意图

图 4-2-15　平衡小车侧面示意图

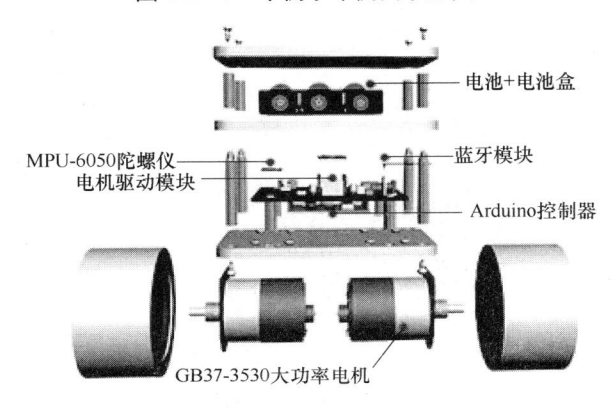

图 4-2-16　平衡小车安装示意图

程序设计

1. 平衡小车的工作原理

整个小车的控制任务可以分解成以下 3 个部分。

（1）控制小车平衡：通过控制两个电机正反向运动保持小车直立平衡状态。

（2）控制小车速度：通过调节小车的倾角来实现小车速度控制，实际上最后还是演变成通过控制电机的转速来实现车轮速度的控制。

（3）控制小车方向：通过控制两个电机之间的转速差实现小车转向控制。

平衡小车运动模型可以简化成倒立的单摆，如图 4-2-17 所示。对单摆进行受力分析，当物体离开平衡位置时，会受到一个回复力，该力使物体恢复平衡。这个力与偏移的角度大小成正比，方向相反。而单摆是因为受到与单摆运动速度成正比、方向相反的空气阻尼力才能停在平衡位置。

$$F = -mg\sin\theta \approx mg\theta \tag{4-1}$$

式中，θ 为单摆偏移的角度，当 θ 较小时，$\sin\theta \approx \theta$，$\theta$ 单位为弧度。

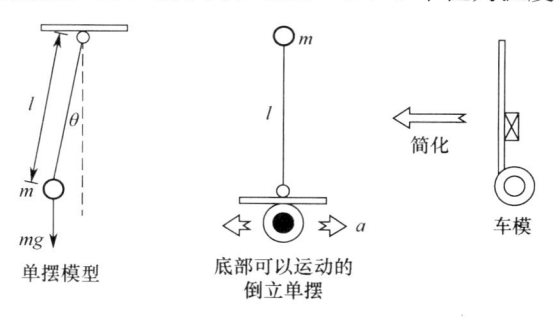

图 4-2-17 平衡小车运动模型

单摆能够稳定在垂直位置的条件有两个：第一，受到与位移（角度）相反的回复力；第二，受到与运动速度（角速度）相反的阻尼力。

只有存在一个临界阻尼系数，才能使单摆回到平衡位置的时间最短，如图 4-2-18 所示，其中自由振荡耗时最长。

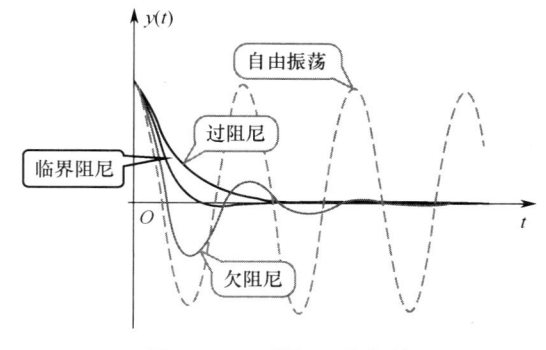

图 4-2-18 单摆平衡条件

小车运动方向与倾斜方向一致，通过测量小车的倾角和角速度，进而通过控制小车车轮的加速度来消除小车的倾角和角速度，这样理论上不考虑电机极限的情况下，小车就可以平衡。

理想情况下，控制电机的加速度和小车倾角成正比，可以让小车保持平衡，就是小车向倾斜的方向运动，倾角越大，小车运动越快。但实际上，小车刚体绕轴旋转时具有惯性，当小车倾角为零时，加速度 a 输出零，因为惯性的存在，小车还是会向另一个方向倒去。如此反复，小车将一直振荡无法静止。

为了让小车能近似静止，还需要一个阻尼力，这个阻尼力和小车的角速度成正比。往往，我们只使用直立环，小车只能短暂地平衡几秒，然后就朝着一个方向倒去了。

对小车进行受力分析，如图 4-2-19 所示，小车不能稳定在平衡位置，是因为它在运动时受到的回复力与位移方向相同。解决的方法就是加一个额外的受力，此时回复力与位移方向相反。通过让小车加速运动，可以使它受到额外的惯性力，这样小车回复力为：

$$F = mg\sin\theta - ma\cos\theta \approx mg\theta - mk_1\theta \quad (4\text{-}2)$$

式中，当 θ 较小时，$\sin\theta \approx \theta$，$\theta$ 单位为弧度。

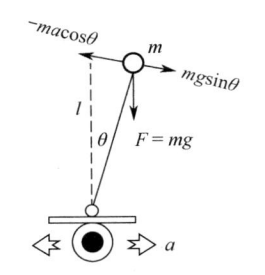

图 4-2-19 小车受力分析

为了让小车尽快恢复到平衡位置，还需要增加阻尼力，空气阻尼力和摩擦力相对都比较小，所以还需增加一个与倾角速度成正比、方向相反的阻尼力：

$$F = mg\theta - mk_1\theta - mk_2\omega \quad (4\text{-}3)$$

式中，θ 为小车的倾角；ω 为小车的角速度；k_1、k_2 为比例系数。

可以看出，为了使小车保持在平衡位置，小车加速度为：

$$a = k_1\theta + k_2\omega \quad (4\text{-}4)$$

k_1 决定了小车是否能够稳定到垂直平衡位置，它必须大于重力加速度；k_2 决定了小车回到垂直位置的阻尼系数，选取合适的阻尼系数可以保证小车尽快稳定在垂直位置。

在该平衡控制中，与角度成比例的控制量被称为比例控制，相当于回复力，也就是上面的系数 k_1，该参数应该大于重力加速度 g 的等效值才能使小车保持直立，但若该参数过大，会引起小车振荡。

与角速度成比例的控制量被称为微分控制，其中的微分参数相当于阻尼力，也就是式（4-3）中的系数 k_2，该参数可有效抑制小车的振荡，但若该参数过大，小车也会抖动。

总结控制平衡小车直立的条件：第一，能够精确测量小车倾角和角速度的大小；第二，能够控制车轮的加速度。

小车运行速度和加速度是通过控制车轮速度实现的，车轮通过小车两个后轮电机经由减速齿轮箱驱动，因此通过控制电机转速可以实现对车轮的运动控制。

电机的运动控制有以下 3 个作用。

(1) 通过电机加速度控制，实现小车平衡稳定。

(2) 通过电机速度控制，实现小车恒速运行和静止。

(3) 通过电机差速控制，实现小车方向的控制。

2．平衡小车角度和角速度的测量

在实际小车运行过程中，由于小车本身的摆动所产生的加速度会产生很大的干扰信号，它叠加在上述测量信号上，使得输出信号无法准确反映小车的倾角。

车轴长度为 h，角速度为 ω，运动加速度为 a，则在加速度传感器 z 轴上由于小车运动引起的加速度为 $h\theta'+a$，为了减少运动引起的干扰，加速度传感器安装的位置越低越好，但是无法彻底消除影响。

小车运动产生的加速度使输出电压在实际倾角电压附近波动。这些波动噪声可以通过数据平滑滤波而被滤除。但是平滑滤波一方面会使信号无法实时反映小车倾角变化，从而减缓对于小车车轮的控制，另一方面也会将小车角速度变化信息滤掉。因此，需要安装获取角速度信息的另一器件——陀螺仪。

由于陀螺仪输出的是小车的角速度，不会受到车体运动的影响，所以该信号中噪声很小。小车的角度又是通过对角速度积分而得，这可进一步平滑信号，从而使角度信号更加稳定。因此，小车控制所需要的角度和角速度可以使用陀螺仪所得到的信号。

从陀螺仪角速度获得角度信息，需要经过积分运算。如果角速度信号存在微小的偏差和漂移，经过积分运算之后，形成积累误差。这个误差会随着时间延长逐步增加，最终导致电路饱和，无法形成正确的角度信号。

一种简单的方法就是通过上面的加速度传感器获得的角度信息对此进行校正，如图 4-2-20 所示。通过对比积分得到的角度和由重力加速度得到的角度，使用它们之间的偏差改变陀螺仪的输出，从而积分的角度逐步跟踪到角速度传感器所得到的角度。

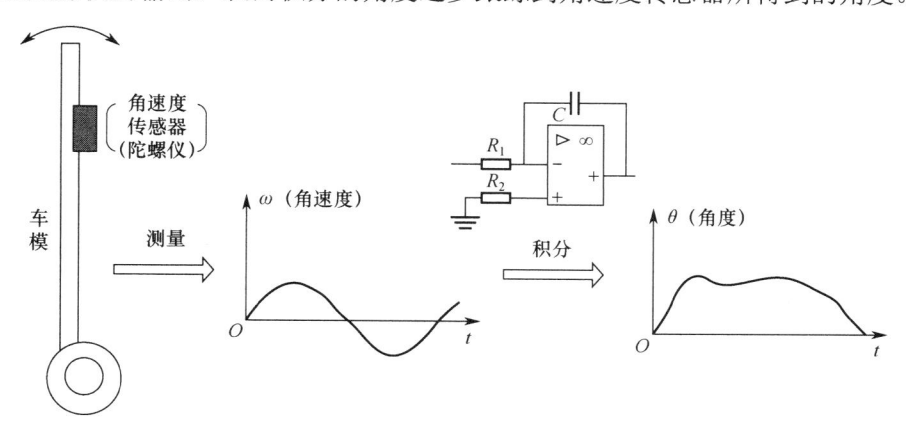

图 4-2-20　平衡小车角度和角速度的测量原理

3．平衡小车控制

平衡小车控制框图如图 4-2-21 所示。小车速度控制可以通过安装在电机输出轴上的光码盘来测量车轮速度。利用控制单片机的计数器测量在固定时间间隔内速度脉冲信号的个数，反映电机的转速。

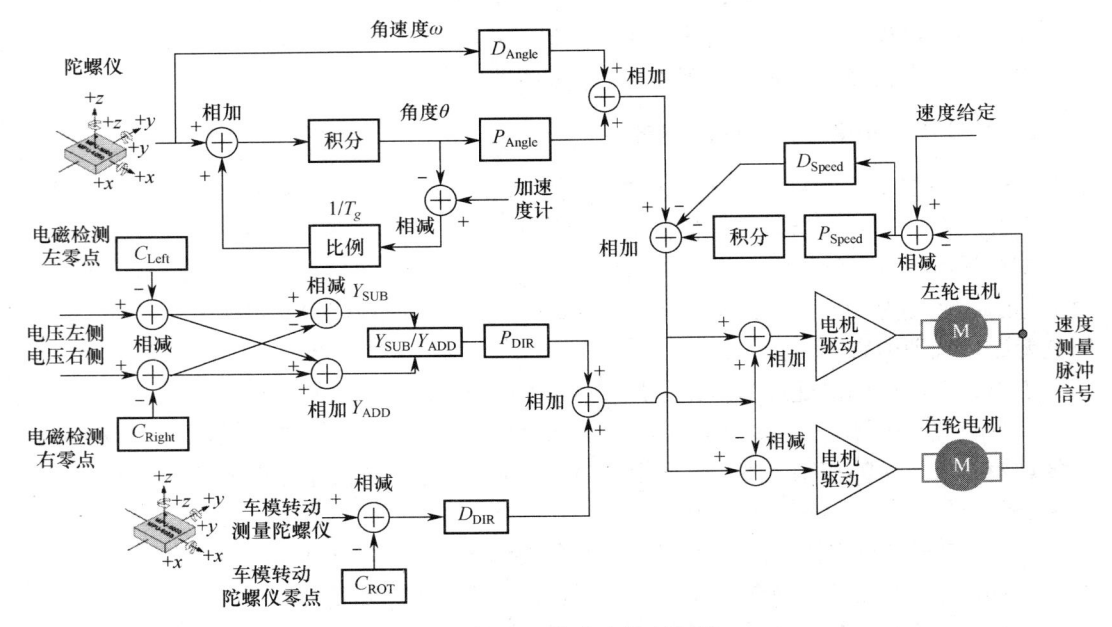

图 4-2-21 平衡小车控制框图

平衡小车使用的传感器是单一的 MPU-6050，通过 DMP 库获取数据，输出的是角度和角速度信号，而这里控制的是电机，不考虑电机的感受（也就是电机的速度幅值），只要求平衡小车的角度能够保持绝对平衡。

只有直立环的平衡小车会倒下的原因：假如小车现在处于平衡状态，控制闭环出现了微小的干扰，平衡小车就会有一个方向的加速度，而此时小车角度平衡，小车平移速度没有限制，这样就可能超过 PWM 的幅值，导致电机无法加速，也就没有了有效的回复力，所以小车就倒下。

速度环在小车平衡的同时，尽量让小车保持静止，就是使小车速度为零，也就是对小车平移速度进行限制。

平衡小车控制转化成为：一个单独的负反馈的直立环 + 一个单独的正反馈的速度环。

本项目的理论部分有点难，但是 Arduino 单片机有丰富的库函数，使开发产品变得非常容易，只需要使用 BalanceCar.h 库文件中的方法来计算角度环（PD）控制和速度环（PI）控制的参数，具体调用代码如下：

balancecar.angleoutput = kp * (kalmanfilter.angle + angle0) + kd * kalmanfilter.Gyro_x;   //PD 角度环控制
Outputs = balancecar.speedpiout(kp_speed,ki_speed,kd_speed,front,back,setp0);
balancecar.pwma(Outputs,turnoutput,kalmanfilter.angle,kalmanfilter.angle6,turnl,turnr,spinl,spinr,front,back,kalmanfilter.accelz,IN1M,IN2M,IN3M,IN4M,PWMA,PWMB);

最后调用 PWM 脉冲输出方法 balancecar.pwma()，计算当前为了保持平衡应该输出的脉冲 PWM 值，详细调用代码请参考提供的项目资料。

4. Arduino 与 MPU-6050 通信

MPU-6050 的数据接口用的是 I2C 总线协议，因此需要 Wire 程序库的帮助来实现 Arduino 与 MPU-6050 之间的通信。

在每次向器件写入数据前要先打开 Wire 的传输模式，并指定器件的总线地址，MPU-6050 的总线地址是 0x68（AD0 引脚为高电平时，地址为 0x69）。然后写入一个字节的寄存器起始地址，再写入任意长度的数据。这些数据将被连续地写入指定的起始地址中，超过当前寄存器长度时，数据将被写入后面地址的寄存器中。写入完成后，关闭 Wire 的传输模式。下面的示例代码是向 MPU-6050 的 0x68 寄存器写入一个字节 0。

```
Wire.beginTransmission(0x68); //开启 MPU-6050 的传输
Wire.write(0x68); //指定寄存器地址
Wire.write(0); //写入一个字节的数据
Wire.endTransmission(true); //结束传输，true 表示释放总线
```

从 MPU-6050 读出数据。读出和写入一样，要先打开 Wire 的传输模式，然后写一个字节的寄存器起始地址。接下来将指定地址的数据读到 Wire 库的缓存中，并关闭传输模式。最后从缓存中读取数据。下面的示例代码是从 MPU-6050 的 0x3B 寄存器开始读取 2 字节的数据。

```
Wire.beginTransmission(0x68); //开启 MPU-6050 的传输
Wire.write(0x3B); //指定寄存器地址
Wire.requestFrom(0x68, 2, true); //将数据读出到缓存
Wire.endTransmission(true); //关闭传输模式
int val = Wire.read() << 8 | Wire.read(); //2 字节组成一个 16 位整数
```

在本项目中通过加载 I2Cdev.h、MPU6050_6Axis_MotionApps20.h、Wire.h，调用已经封装好的 MPU-6050 数据读取方法。

```
//I2Cdev、MPU6050_6Axis_MotionApps20 和 Wire 类库需要事先安装在 Arduino 类库文件夹下
#include "I2Cdev.h"
#include "MPU6050_6Axis_MotionApps20.h"
#include "Wire.h"
MPU6050 mpu;              //实例化一个 MPU6050 对象，对象名称为 mpu
mpu.initialize();                    //初始化 MPU-6050
mpu.getMotion6(&ax, &ay, &az, &gx, &gy, &gz);    //I2C 获取 MPU-6050 六轴数据 ax、ay、az、gx、gy gz
```

5. 程序主逻辑

平衡小车控制程序流程图如图 4-2-22 所示，程序主要由循环主体和中断程序两部分组成。在循环主体中，每一次循环判断是否接收到蓝牙控制命令，若收到命令则进行相应的前进、后退、左转、右转控制。每隔 5 ms 进入一次中断程序，在中断程序中计算角度环 PD（比例-微分）以保持车体平衡，同时计算速度环控制 PI（比例-积分）调节电机转速，最终计算出当前应输出的 PWM 值，返回主程序进行主循环，直到下一次中断。

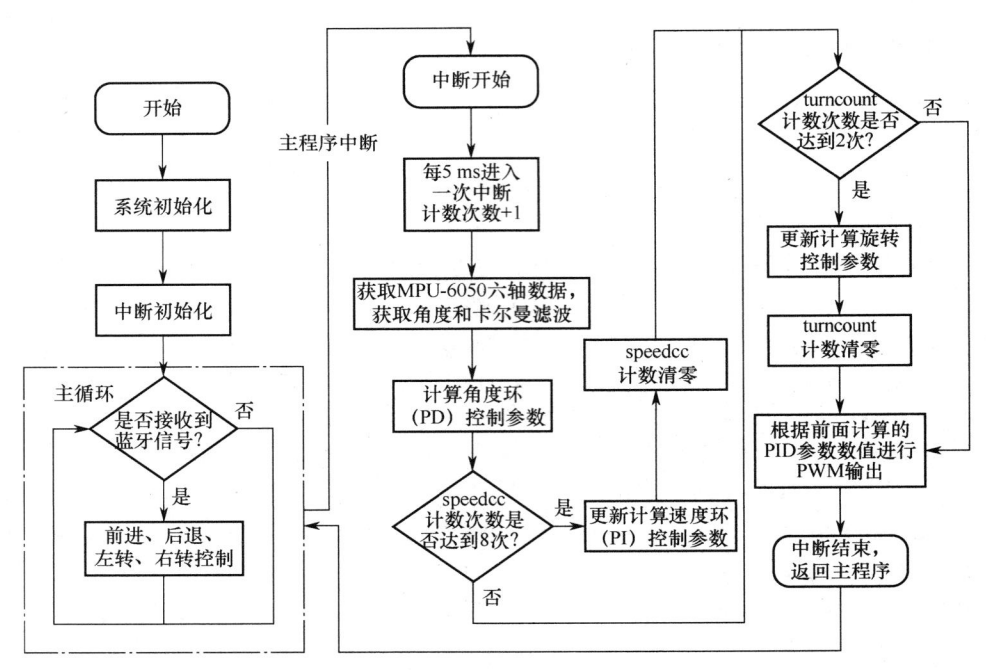

图 4-2-22　平衡小车控制程序流程图

（1）初始化设置的代码如下。

```
void setup() {
    // TB6612FNG 驱动模块控制信号初始化
    pinMode(IN1M, OUTPUT);           //控制电机 1 的方向，01 为正转，10 为反转
    pinMode(IN2M, OUTPUT);
    pinMode(IN3M, OUTPUT);           //控制电机 2 的方向，01 为正转，10 为反转
    pinMode(IN4M, OUTPUT);
    pinMode(PWMA, OUTPUT);                          //左电机 PWM
    pinMode(PWMB, OUTPUT);                          //右电机 PWM
    pinMode(STBY, OUTPUT);                          //TB6612FNG 使能
    //初始化电机驱动模块
    digitalWrite(IN1M, 0);
    digitalWrite(IN2M, 1);
    digitalWrite(IN3M, 1);
    digitalWrite(IN4M, 0);
    digitalWrite(STBY, 1);
    analogWrite(PWMA, 0);
    analogWrite(PWMB, 0);
    pinMode(PinA_left, INPUT);       //测速码盘输入
    pinMode(PinA_right, INPUT);
    // 加入 I2C 总线
    Wire.begin();                    //加入 I2C 总线序列
    Serial.begin(9600);              //开启串口，设置波特率为 9600
    delay(1500);
    mpu.initialize();                //初始化 MPU-6050
    delay(2);
```

```
//5 ms 定时中断设置使用 timer2。    注意：使用 timer2 会对 pin3、pin11 的 PWM 输出有影响，因
//为 PWM 使用的是定时器控制占空比，所以在使用 timer 的时候要注意查看对应 timer 的 pin 口
    MsTimer2::set(5, inter);
    MsTimer2::start();
}
```

（2）蓝牙控制的代码如下。

```
void kongzhi()
{
    while (Serial.available())                          //等待蓝牙数据
        switch (Serial.read())                          //读取蓝牙数据
        {
            case 0x01: front = 500;      break;         //前进
            case 0x02: back = -500;      break;         //后退
            case 0x03: turnl = 1;        break;         //左转
            case 0x04: turnr = 1;        break;         //右转
            case 0x05: spinl = 1;        break;         //左旋转
            case 0x06: spinr = 1;        break;         //右旋转
            case 0x07: turnl = 0; turnr = 0; front = 0; back = 0; spinl = 0; spinr = 0;  break;
//确保按键松开后为停车操作
            case 0x08: spinl = 0; spinr = 0; front = 0; back = 0; turnl = 0; turnr = 0;  break;
//确保按键松开后为停车操作
            case 0x09: front = 0; back = 0; turnl = 0; turnr = 0; spinl = 0; spinr = 0; turnoutput = 0; break;
// 确保按键松开后为停车操作
            default: front = 0; back = 0; turnl = 0; turnr = 0; spinl = 0; spinr = 0; turnoutput = 0; break;
        }
}
```

（3）定时中断。每隔 5 ms 定时中断，通过传感器反馈的小车平衡数据进行脉冲输出的计算，代码如下。

```
void inter()
{
  sei();
  countpluse();                                         //脉冲叠加子函数
  mpu.getMotion6(&ax, &ay, &az, &gx, &gy, &gz);         //I2C 获取 MPU-6050 六轴数据 ax、ay、az、gx、gy、gz
  kalmanfilter.Angletest(ax, ay, az, gx, gy, gz, dt, Q_angle, Q_gyro,R_angle,C_0,K1);
//获取角度和卡尔曼滤波
  angleout();                                           //角度环（PD）控制
  speedcc++;
  if (speedcc >= 8)                                     //50 ms 进入速度环控制
  {
    Outputs = balancecar.speedpiout(kp_speed,ki_speed,kd_speed,front,back,setp0);
    speedcc = 0;
  }
  turncount++;
  if (turncount > 2)                                    //10 ms 进入旋转控制
  {
```

```cpp
        turnoutput = balancecar.turnspin(turnl,turnr,spinl,spinr,kp_turn,kd_turn,kalmanfilter.Gyro_z);
//旋转子函数
        turncount = 0;
    }
    balancecar.posture++;
    balancecar.pwma(Outputs,turnoutput,kalmanfilter.angle,kalmanfilter.angle6,turnl,turnr,spinl,spinr,front,back,kalmanfilter.accelz,IN1M,IN2M,IN3M,IN4M,PWMA,PWMB);
//小车总 PWM 输出
}
```

（4）脉冲计算的代码如下。

```cpp
//****************************脉冲计算****************************//
void countpluse()
{
    lz = count_left;
    rz = count_right;
    count_left = 0;
    count_right = 0;
    lpluse = lz;
    rpluse = rz;
    if ((balancecar.pwm1 < 0) && (balancecar.pwm2 < 0))  //小车运动方向判断：后退时（PWM 即电机电压为负），脉冲数为负数
    {
        rpluse = -rpluse;
        lpluse = -lpluse;
    }
    else if ((balancecar.pwm1 > 0) && (balancecar.pwm2 > 0))  //小车运动方向判断：前进时（PWM 即电机电压为正），脉冲数为正数
    {
        rpluse = rpluse;
        lpluse = lpluse;
    }
    else if ((balancecar.pwm1 < 0) && (balancecar.pwm2 > 0))  //小车运动方向判断：右旋转，右脉冲数为正数，左脉冲数为负数
    {
        rpluse = rpluse;
        lpluse = -lpluse;
    }
    else if ((balancecar.pwm1 > 0) && (balancecar.pwm2 < 0))  //小车运动方向判断：左旋转时，右脉冲数为负数，左脉冲数为正数
    {
        rpluse = -rpluse;
        lpluse = lpluse;
    }
    //累计判断，角度过大，停止电机 PWM 输出
    balancecar.stopr += rpluse;
    balancecar.stopl += lpluse;
```

```
    //每 5 ms 进入中断时，脉冲数叠加
    balancecar.pulseright += rpluse;
    balancecar.pulseleft += lpluse;
}
//*****************************脉冲计算*****************************//
```

任务的调试运行

（1）上传代码：将代码上传到 Arduino 后，确保没有错误。

（2）监控串口输出：在 Arduino IDE 中打开串口监视器，查看输出的角度和控制信号，以便观察小车平衡状态。

（3）在平坦的地方放置小车：将小车放在一个平坦的表面上进行初步测试。

（4）尝试调整 PID 参数：根据小车的表现，调整 PID 参数，以改善平衡性能。一般来说，比例系数越大，响应越快，但可能会产生振荡；微分系数用于预测误差变化趋势，抑制超调；积分系数用于消除静态误差。

（5）观察小车行为：如果小车倾斜，观察调整后的 PID 控制输出是否使它返回设定点。当小车成功保持平衡时，可以尝试在手机端安装蓝牙控制器 App，尝试用蓝牙控制小车的前进、后退、左转、右转等动作。

知识点

4.2.1 卡尔曼滤波

因为利用 MPU-6050（角速度传感器和加速度传感器）测量得到的数据被噪声污染，所以为了得到稳定可靠的数据需要进行滤波。

常见的滤波算法有很多种，根据其优缺点分析，可以选择卡尔曼滤波算法。

卡尔曼滤波属于一种线性最小方差估计法，即使估计所得值与实际值的均方误差达到最小，且估计具有线性形式。

卡尔曼滤波是一种用于估计动态系统状态的数学和计算方法，它在控制系统、导航、机器人、金融等领域中广泛应用。卡尔曼滤波最初由 R. E. Kalman 于 1960 年提出，用于航空和航天领域的导航问题，但后来被推广应用于各种领域。

4.2.2 光电编码器

光电编码器是一种通过光电转换将输出轴上的机械几何位移量转换成脉冲或数字量的传感器。这是应用最多的传感器。光电编码器由光源、光码盘和光敏元件组成。光码盘是在一定直径的圆板上等分地开通若干长方形孔而获得的。由于光码盘与电动机同轴，电动机旋转时，光码盘与电动机同速旋转，经由 LED 等电子元件组成的检测装置检测输出

若干脉冲信号，通过计算每秒光电编码器输出脉冲的个数就能反映当前电动机的转速。根据脉冲的变化，可以精确测量和控制设备位移量。此外，为判断旋转方向，光码盘还可提供相位相差 90º 的两路脉冲信号。

根据检测原理，编码器可分为光学式、磁式、感应式和电容式编码器等 4 种；根据其刻度方法及信号输出形式，可分为增量式、绝对式和混合式编码器等 3 种。

举一反三

想想平衡小车还可以通过什么方式控制？能否将循迹功能加入其中？将平衡小车变为一个两轮 AGV（自动导向车）。

任务小结

本任务介绍主控制器 Arduino 通过获取陀螺仪、霍尔测速码盘、蓝牙模块的输入量，实现小车角度、车速、运动位移及手机蓝牙遥控指令的监测，并把上述输入量融入算法中实现小车的自平衡。调试平衡小车可能需要多次尝试和调整，耐心是关键！

任务 4.2 教学视频（一）　　任务 4.2 教学视频（二）

项目 5

智能机械臂的设计与实施

本项目介绍智能视觉引导的机械臂电机驱动系统的搭建与调试，通过本项目了解和掌握机械臂系统的组成、工作原理，为后续掌握单片机控制步进电机驱动系统打下基础。

▶ 任务 5.1　步进电机驱动系统的搭建与调试

教学导航

知识目标
- 了解步进电机的基本概念和工作原理。
- 熟悉步进电机驱动系统的组成。
- 掌握 Arduino 扩展库的安装和使用。

技能目标
- 能够正确搭建步进电机驱动系统电路。
- 能完成步进电机驱动程序的编写和调试。
- 能够使用 AccelStepper 库实现步进电机的精确控制。

重点、难点
- 步进电机驱动系统的组成和工作原理。
- Arduino 扩展库的安装和使用。
- 步进电机的精确控制。

任务描述、目的及要求

通过搭建步进电机驱动系统，掌握步进电机的基本工作原理和控制方法。通过编写和调试程序，实现步进电机的精确控制。

电路设计

本任务的电路设计较为复杂，涉及 Arduino Mega2560、Ramps 扩展板、TB6600 步进电机驱动器、DRV8825 步进电机驱动器等。

本项目的机械臂共有 6 个关节，具有 6 个自由度（不包括末端手抓部分），如图 5-1-1 所示，采用 6 个步进电机驱动，其中末端的三轴使用轻量化小型步进电机，靠近底座的三轴使用大功率步进电机，所以在驱动器的选择上，末端电机采用 DRV8825 步进电机驱动器，底座电机采用 TB6600 步进电机驱动器。

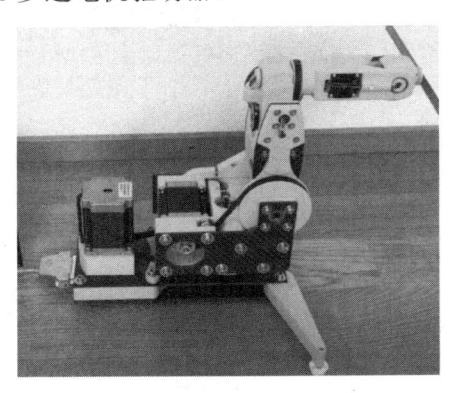

图 5-1-1　智能机械臂实物图

智能机械臂的电路连接如图 5-1-2 所示。智能机械臂需要较高的控制精度，故选用步进电机，配合步进电机驱动器可实现更高精度的位置控制。靠近底座的三轴使用大功率步进电机，步进电机驱动器采用共阴极接法，分别将 PUL−、DIR−、EN− 连接到控制单片机接地端；单片机脉冲信号接入 PUL+；方向信号接入 DIR+；使能信号接入 EN+。

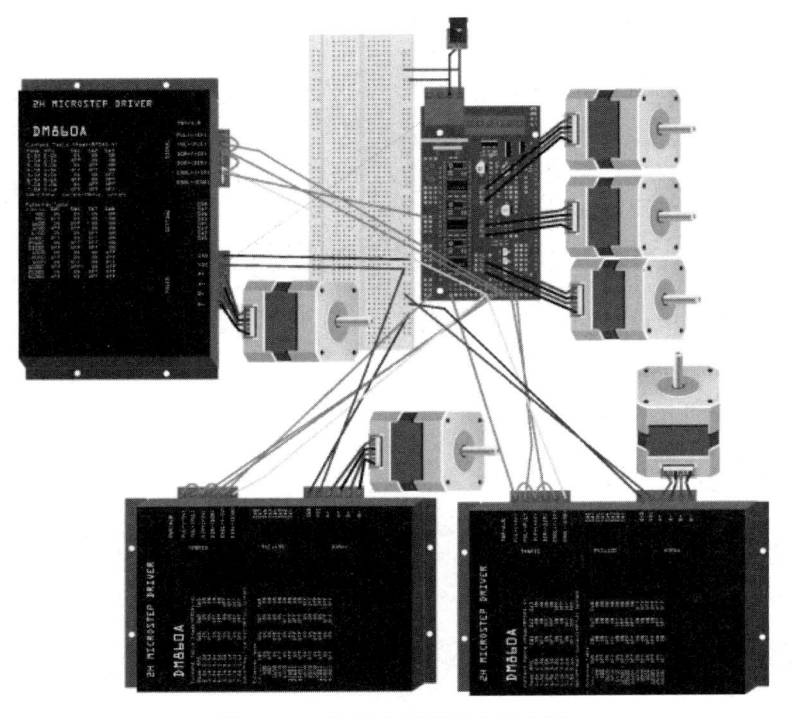

图 5-1-2　智能机械臂的电路连接

程序设计

代码如下。

```cpp
#include <AccelStepper.h>
#include <MultiStepper.h>
// 定义步进电机引脚
#define PUL1_PIN 27
#define DIR1_PIN 29
#define PUL2_PIN 31
#define DIR2_PIN 33
#define PUL3_PIN 35
#define DIR3_PIN 37
#define PUL4_PIN 46
#define DIR4_PIN 48
#define PUL5_PIN A6
#define DIR5_PIN A7
#define PUL6_PIN A0
#define DIR6_PIN A1
#define EN321_PIN 39
#define EN4_PIN A8
#define EN5_PIN A2
#define EN6_PIN 38
// 定义步进电机每转一圈的脉冲数
const double dl1 = (360.0 / 200.0 / 32.0 / 5.1);
const double dl2 = (360.0 / 200.0 / 32.0 / 4.0);
const double dl3 = (360.0 / 200.0 / 32.0 / 5.0);
const double dl4 = (360.0 / 200.0 / 32.0 / 2.8);
const double dl5 = (360.0 / 200.0 / 32.0 / 2.1);
const double dl6 = (360.0 / 200.0 / 32.0 / 1.0);
// 创建步进电机对象
AccelStepper stepper1(1, PUL1_PIN, DIR1_PIN);
AccelStepper stepper2(1, PUL2_PIN, DIR2_PIN);
AccelStepper stepper3(1, PUL3_PIN, DIR3_PIN);
AccelStepper stepper4(1, PUL4_PIN, DIR4_PIN);
AccelStepper stepper5(1, PUL5_PIN, DIR5_PIN);
AccelStepper stepper6(1, PUL6_PIN, DIR6_PIN);
void setup()
{
    // 设置步进电机引脚为输出模式
    pinMode(EN321_PIN, OUTPUT);
    pinMode(PUL1_PIN, OUTPUT);
    pinMode(DIR1_PIN, OUTPUT);
    pinMode(PUL2_PIN, OUTPUT);
    pinMode(DIR2_PIN, OUTPUT);
    pinMode(PUL3_PIN, OUTPUT);
    pinMode(DIR3_PIN, OUTPUT);
```

```cpp
    pinMode(EN4_PIN, OUTPUT);
    pinMode(EN5_PIN, OUTPUT);
    pinMode(EN6_PIN, OUTPUT);
    pinMode(PUL4_PIN, OUTPUT);
    pinMode(DIR4_PIN, OUTPUT);
    pinMode(PUL5_PIN, OUTPUT);
    pinMode(DIR5_PIN, OUTPUT);
    pinMode(PUL6_PIN, OUTPUT);
    pinMode(DIR6_PIN; OUTPUT);

    // 设置步进电机引脚为低电平
    digitalWrite(EN4_PIN, LOW);
    digitalWrite(EN5_PIN, LOW);
    digitalWrite(EN6_PIN, LOW);
    digitalWrite(PUL4_PIN, LOW);
    digitalWrite(DIR4_PIN, LOW);
    digitalWrite(PUL5_PIN, LOW);
    digitalWrite(DIR5_PIN, LOW);
    digitalWrite(PUL6_PIN, LOW);
    digitalWrite(DIR6_PIN, LOW);
    // 设置步进电机的最大运行速度
    stepper1.setMaxSpeed(30000.0);
    stepper2.setMaxSpeed(30000.0);
    stepper3.setMaxSpeed(30000.0);
    stepper4.setMaxSpeed(30000.0);
    stepper5.setMaxSpeed(30000.0);
    stepper6.setMaxSpeed(30000.0);
    // 设置步进电机的加速度
    stepper1.setAcceleration(30000.0);
    stepper2.setAcceleration(30000.0);
    stepper3.setAcceleration(30000.0);
    stepper4.setAcceleration(30000.0);
    stepper5.setAcceleration(30000.0);
    stepper6.setAcceleration(30000.0);
}
void loop()
{
    // 设置步进电机的目标位置
    stepper1.moveTo(30 / dl1);
    stepper1.run();
    stepper2.moveTo(30 / dl2);
    stepper2.run();
    stepper3.moveTo(30 / dl3);
    stepper3.run();
    stepper4.moveTo(30 / dl4);
    stepper4.run();
```

```
    stepper5.moveTo(30 / dl5);
    stepper5.run();
    stepper6.moveTo(30 / dl6);
    stepper6.run();
}
```

任务的调试运行

（1）根据电路图连接电路。
（2）检查电机引脚配置是否与实物接线一致。
（3）观察实验结果，看电机是否都按预期旋转。
（4）如果电机旋转方向与预期不一致，则可以交换同向的两根线（如 A+、A−）使电机正转方向反向。

知识点

5.1.1 步进电机

步进电机是一种将电脉冲转换成相应角位移或线位移的电磁机械装置，步进电机实物图如图 5-1-3 所示。它具有快速启停能力，在电机的负荷不超过它能提供的动态转矩时，可以通过输入脉冲来控制它在一瞬间的启动或停止。步进电机的步距角和转速只和输入的脉冲频率有关，和环境温度、气压、振动无关，也不受电网电压的波动和负载变化的影响。因此，步进电机多应用在需要精确定位的场合。

图 5-1-3　步进电机实物图

1．步进电机的结构

通过控制施加在电机线圈上的电脉冲顺序、频率和数量，可以实现对步进电机的转向、速度和旋转角度的控制。配以直线运动执行机构或齿轮箱装置，更可以实现更加复杂、精密的线性运动控制要求。步进电机的结构如图 5-1-4 所示。步进电机一般由前后端盖、轴承、中心轴、转子铁芯、定子铁芯、波纹垫圈、螺钉等部分构成。步进电机也叫步进器，它利用电磁学原理，将电能转换为机械能，是由缠绕在电机定子齿槽上的线圈驱动的。通常情况下，一根绕成圈状的金属丝叫作螺线管，而在电机中，绕在定子齿槽上的金属丝则叫作绕组、线圈或相。

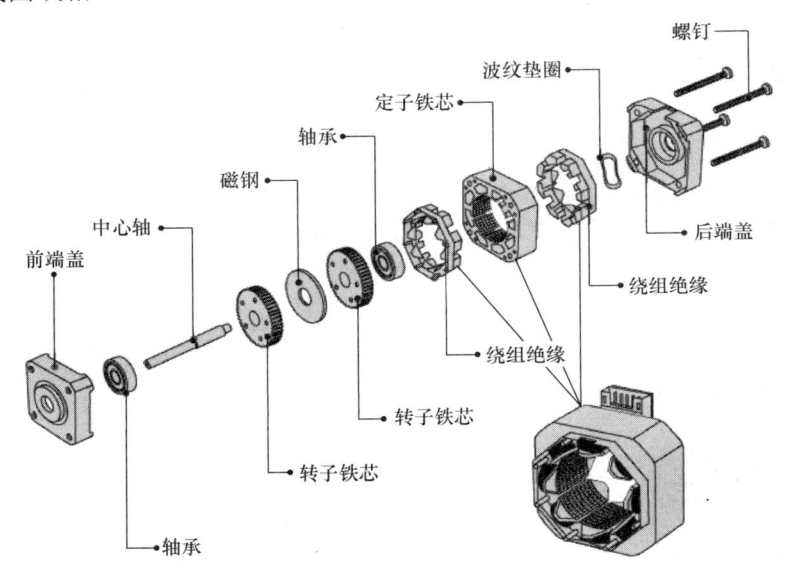

图 5-1-4　步进电机的结构

2．步进电机的工作原理

步进电机驱动器根据外来的控制脉冲和方向信号，通过其内部的逻辑电路，控制步进电机的绕组以一定的时序正向或反向通电，使电机正向或反向旋转，或者锁定。以 1.8°两相步进电机为例：当两相绕组都通电励磁时，电机输出轴将静止并锁定位置。在额定电流下使电机保持锁定的最大力矩为保持力矩。如果其中一相绕组的电流发生了变向，则电机将顺着一个既定方向旋转一步（1.8°）。同理，如果是另外一项绕组的电流发生了变向，则电机将顺着与前者相反的方向旋转一步（1.8°）。当通过线圈绕组的电流按顺序依次变向励磁时，电机会顺着既定的方向实现连续旋转步进，运行精度非常高。1.8°两相步进电机旋转一周需 200 步。

两相步进电机有两种绕组形式：双极性和单极性。双极性电机每相上只有一个绕组线圈，电机连续旋转时电流要在同一线圈内依次变向励磁，在驱动电路设计上需要 8 个电子开关进行顺序切换。单极性电机每相上有两个极性相反的绕组线圈，电机连续旋转时只需要交替对同一相上的两个绕组线圈进行通电励磁，在驱动电路设计上只需要 4 个电子开关。在双极性驱动模式下，因为每相的绕组线圈为 100%励磁，所以双极性驱动模式下电机的输出力矩比单极性驱动模式下提高了约 40%。

3．步进电机的励磁方式

步进电机的励磁方式分为全步励磁和半步励磁两种。其中，全步励磁又有一相励磁和二相励磁之分；半步励磁又称一二相励磁。假设每旋转一圈需要 200 个脉冲信号来励磁，则可以计算出每个励磁信号能使步进电机前进 1.8°。

（1）一相励磁：在每一瞬间，步进电机只有一个线圈导通。每送一个励磁信号，步进电机旋转 1.8°，这是 3 种励磁方式中最简单的一种。其特点是精确度好、消耗电力少，但输出转矩小、振动较大。

（2）二相励磁：在每一瞬间，步进电机有两个线圈同时导通。每送一个励磁信号，步进电机旋转 1.8°。其特点是输出转矩大、振动小，因而成为目前使用最多的励磁方式。

（3）一二相励磁：一相励磁与二相励磁交替导通的方式。每送一个励磁信号，步进电机旋转 0.9°。其特点是分辨率高、运转平滑，故应用也很广泛。

4．步进电机的驱动

步进电机的驱动选用专用的电机驱动模块，如 L298、FF5754 等。这类驱动模块的接口简单，操作方便，它们既可驱动步进电机，也可驱动直流电机。L298 芯片是一种 H 桥式驱动器，它设计成可接收标准 TTL 逻辑电平信号，可用来驱动电感性负载。H 桥可承受 46 V 电压，相电流高达 2.5 A。L298（或 XQ298、SGS298）的逻辑电路使用 5 V 电源，功放级使用 5～46 V 电压，下桥发射极均单独引出，以便接入电流取样电阻。L298 采用 15 脚双列直插小瓦数式封装，为工业品等级。H 桥驱动的主要特点是能够对电机绕组进行正、反两个方向通电，L298 特别适用于驱动二相或四相步进电机。

5.1.2　步进电机驱动系统的组成及功能分析

运动控制是基于速度、距离、负载、惯性或所有这些因素的组合来精确控制物体运动的过程。有多种类型的运动控制系统，包括步进电机、直流有刷和无刷电机、伺服电机等。

步进电机驱动系统由 3 个基本元素组成：控制器、步进驱动器、步进电动机。控制器发出脉冲信号和方向信号，步进驱动器接收这些信号，先进行环形分配和细分，然后进行功率放大，变成安培级的脉冲信号发送到步进电动机，从而控制步进电动机的速度和位移。

步进电机的控制方式主要有以下几种。

（1）全步进控制：每次步进一个完整的步距角，适用于需要较大扭矩的场合。

（2）半步进控制：每次步进半个步距角，能够提高电机的分辨率和平稳性。

（3）微步进控制：通过细分步距角，实现更高的分辨率和平滑的运动，适用于高精度定位的场合。

5.1.3　TB6600 步进电机驱动器

步进驱动器是一种能使步进电动机运转的功率放大器，能把控制器发来的脉冲信号转化为步进电动机的角位移，步进电动机的转速与脉冲频率成正比，所以控制脉冲频率就可以精确调速，控制脉冲个数就可以精确定位。

TB6600 步进电机驱动器实物图如图 5-1-5 所示，它采用 H 桥双极恒相流驱动，可直接用 9～42 V 直流供电，可选择 7 挡细分控制（1、2/A、2/B、4、8、16、32）、8 挡电流控制（0.5 A、1 A、1.5 A、2 A、2.5 A、2.8 A、3.0 A、3.5 A），最高支持 4 A 电流输出。信号端都配有高速光电隔离，防止信号干扰，并且支持共阴、共阳两种信号输入方式。出于安全考虑，TB6600 步进电机驱动器支持脱机保持功能，能够让用户在通电状态下调试。TB6600 步进电机驱动器内置温度保护和过流保护，可适应更严苛的工作环境。

图 5-1-5　TB6600 步进电机驱动器实物图

　　TB6600 步进电机驱动器适合驱动 57、42 型两相、四相混合式步进电机，能达到低振动、低噪声、高速度的驱动效果，可以适用于机器人控制、3D 打印等高精度应用领域。

5.1.4　DRV8825 步进电机驱动器

　　DRV8825 是一款高性能、高精度、双向直流电机驱动器，可用于各种类型的步进电机。它采用了高性能的电流控制技术，能够实现低振动、低噪声的电机控制。在 3D 打印机、CNC 机床（数控机床）、机器人等领域，DRV8825 得到了广泛应用。

　　该驱动器的最大驱动电流为 2.5 A，最高步进分辨率可达 1/32 步，支持最高 32 倍微步进。此外，它还具有超过 45 V 的电源电压范围，以及内置保护机制（如过热保护、欠压保护等）等，这些特点使它非常适合于高端应用。

　　DRV8825 的驱动电路采用了双 H 桥结构，可通过调整控制输入信号的占空比来控制电机的转速和方向。其驱动电流采用了步进电机常用的电流控制方式，即通过调整电压下限来控制电流大小。此外，该驱动器还采用了自适应调整电流控制技术，可以根据电机负载的变化动态调整电流大小，从而实现更好的运动控制效果。

5.1.5　Ramps 扩展板

　　由于步进电机控制器有大量线束需要连接，使用 Ramps 可以减少大量接线困扰。Ramps 扩展板实物图如图 5-1-6 所示。它设计的目的是用低成本在一个小尺寸 PCB 上集成

DRV8825 驱动器所需的所有电路接口。除了提供步进电机驱动器接口，Ramps 扩展板还提供了大量其他应用电路的扩展接口，Ramps 扩展板是一款更换零件非常方便，拥有强大的升级能力和扩展模块化设计的 Arduino 扩展板。

图 5-1-6　Ramps 扩展板实物图

5.1.6　Arduino 扩展库的安装与使用

（1）打开 Arduino IDE，选择"项目"菜单中的"加载库"→"管理库"选项。

（2）在弹出的库管理器窗口中，输入所需库的名称进行搜索。

（3）找到所需库后，单击"安装"按钮进行安装。

（4）AccelStepper 的安装与使用。AccelStepper 是一款功能强大、简单易用的控制步进电机的 Arduino 第三方库。目前 Arduino 内置的 Stepper 库只能控制一台步进电机，如果需要控制两台及以上的步进电机，那么 AccelStepper 库是一个非常好的选择。同时，在使用 Arduino 官方的 Stepper 库时，Arduino 开发板在控制步进电机的过程中是无法进行其他工作的。在这一点上，使用 AccelStepper 库可以让 Arduino 在控制步进电机的同时完成其他工作。

AccelStepper 库的常用函数如下。

setMaxSpeed()：设置步进电机的最大运行速度。

setAcceleration()：设置步进电机的加速度。

setSpeed()：设置步进电机的运行速度。

targetPosition()：获取步进电机运行的目标位置。

currentPosition()：获取步进电机运行的当前位置。

setCurrentPosition()：复位步进电机的初始位置。

move()：设置步进电机运动的相对目标位置。

moveTo()：设置步进电机运动的绝对目标位置。

run()：步进电机运行（先加速后减速模式）。

runSpeed()：步进电机运行（匀速模式）。

runToNewPosition()：电机运行到用户指定位置，目标位置为绝对位置。此函数将以"block"程序运行，即电机没有到达目标位置前，Arduino 将不会继续执行后续程序内容。这一点很像 Arduino 官方 Stepper 库中的 step()函数。

如需获取更详细的函数说明，可以扫描本章末尾二维码了解详细内容。

任务小结

本任务使读者熟悉智能视觉引导的机械臂电机驱动系统的搭建与调试，通过本项目了解和掌握机械臂系统的组成、工作原理，为后续掌握单片机控制步进电机驱动系统打下基础。

任务 5.2　机械臂正向运动学与逆向运动学的建模与调试

本任务使读者了解机器人运动学相关知识点，掌握机械臂系统的工作原理，为后续掌握单片机控制步进电机驱动系统打下基础。

教学导航

知识目标
- 了解机械臂正向运动学和逆向运动学的基本概念。
- 熟悉机器人建模的方法。
- 掌握机器人正向运动学和逆向运动学控制的基本原理。

技能目标
- 能够进行机械臂的正向运动学和逆向运动学建模。
- 能完成机械臂运动控制程序的编写和调试。
- 能够使用 MatrixMath 库实现机械臂的正向运动学和逆向运动学控制。

重点、难点
- 机械臂正向运动学和逆向运动学的基本原理。
- 机器人建模的方法。
- 机械臂运动控制的实现。

任务描述、目的及要求

通过对机械臂的正向运动学和逆向运动学建模，掌握机械臂的运动控制方法。通过编写和调试程序，实现机械臂的精确运动控制。

电路设计

本任务的电路设计与任务 5.1 一致。请注意此前一节定义的电机正转方向，若其与示例不一致，则请修改相关代码。

程序设计

1. 正向运动学计算

代码如下。

```
#include <MatrixMath.h>
#include <math.h>
void setup() {
  Serial.begin(115200);  // 初始化串口通信，波特率为 115200
  Serial.println("等待指令，请以(q1,q2,q3,q4,q5,q6)格式输入：");  // 提示用户输入关节角度
}
// 定义全局变量
float positions[6];  // 存储用户输入的关节角度
mtx_type Ti1_i[6][4][4];  // 存储每个关节的变换矩阵
mtx_type T06[4][4];  // 存储从基座到第六轴的变换矩阵
mtx_type temp[4][4];  // 临时矩阵，用于矩阵乘法
 // 定义 DH 参数
float a_1[] = {0, 0, 270, 70, 0, 0};
float alpha_1[] = {0, -PI / 2, 0, -PI / 2, PI / 2, -PI / 2};
float d[] = {290, 0, 0, 302, 0, 72};
float theta[] = {0, -PI / 2, 0, 0, 0, PI};

void loop() {
    while (Serial.available() <= 0) {      // 如果串口没有输入，等待 100 ms
      delay(100);
   }
    while (Serial.available() > 0) {      // 如果串口有输入
      int inChar = Serial.read();      // 读取内存中的字符类型数据
      if ((char)inChar == '(') {      // 读取并解析用户输入的关节角度
         for (byte i = 0; i < 6; i++) {
            positions[i] = Serial.parseFloat()/180.0*PI;   // 将角度转换为弧度
         }
         while (Serial.read() == ')') {}    // 忽略剩余的')'字符
         Serial.print("输入的关节坐标为：");  // 打印输入的关节角度
         for (int i = 0; i < 6; i++) {
            Serial.print(positions[i]/PI*180);
            Serial.print("|");
         }
         Serial.println();
          // 更新关节角度
```

```
      for (int i = 0; i < 6; i++) {
        theta[i] = theta[i] + positions[i];
      }
      // 计算每个关节的变换矩阵
      for (int i = 0; i < 6; i++) {
        // 计算变换矩阵的各个元素
        Ti1_i[i][0][0] = cos(theta[i]);
        Ti1_i[i][0][1] = -sin(theta[i]);
        Ti1_i[i][0][2] = 0;
        Ti1_i[i][0][3] = a_1[i];
        Ti1_i[i][1][0] = sin(theta[i]) * cos(alpha_1[i]);
        Ti1_i[i][1][1] = cos(theta[i]) * cos(alpha_1[i]);
        Ti1_i[i][1][2] = -sin(alpha_1[i]);
        Ti1_i[i][1][3] = -sin(alpha_1[i]) * d[i];
        Ti1_i[i][2][0] = sin(theta[i]) * sin(alpha_1[i]);
        Ti1_i[i][2][1] = cos(theta[i]) * sin(alpha_1[i]);
        Ti1_i[i][2][2] = cos(alpha_1[i]);
        Ti1_i[i][2][3] = cos(alpha_1[i]) * d[i];
        Ti1_i[i][3][0] = 0;
        Ti1_i[i][3][1] = 0;
        Ti1_i[i][3][2] = 0;
        Ti1_i[i][3][3] = 1;
      }
      // 计算从基座到第六轴的变换矩阵
      Matrix.Copy((mtx_type*)Ti1_i[0], 4, 4, (mtx_type*)T06);
      for (int i = 1; i < 6; i++) {
        Matrix.Multiply((mtx_type*)T06, (mtx_type*)Ti1_i[i], 4, 4, 4, (mtx_type*)temp);
        Matrix.Copy((mtx_type*)temp, 4, 4, (mtx_type*)T06);
      }
      Serial.print("当前世界坐标为：");       // 打印当前世界坐标
      Serial.print(T06[0][3]);
      Serial.print("|");
      Serial.print(T06[1][3]);
      Serial.print("|");
      Serial.print(T06[2][3]);
      Serial.print("|");
      Matrix.Print((mtx_type*)T06, 4, 4, "T06");
    }
    else if (inChar == 'e') {
      // 用户输入'e'，结束程序
      Serial.println("结束");
      while (1);
    }
  }
}
```

2. 逆向运动学计算与控制

通过串口接收指令，控制机械臂沿着 6 个轴（x, y, z, gamma, beta, alpha）移动到指定的位置，并能够返回初始位置。

在 setup()函数中，初始化串口通信和电机控制引脚，并设置了电机的最大运行速度。接着，调用 steppers.moveTo(start)和 steppers.runSpeedToPosition()使机械臂移动到初始位置。然后，初始化各关节位置，并通过串口提示用户输入指令。

loop()函数是程序的主循环，它不断检查串口是否有数据可读。如果接收到以左括号(开头的指令，则程序会解析 6 个欧拉角（代表末端执行器在空间中的姿态），然后调用 Inverse()函数将这些欧拉角转换为 6 个关节的角度。如果转换成功，则程序会计算出每个关节应该移动到的位置，并调用 steppers.moveTo(positions)和 steppers.runSpeedToPosition()使电机移动到这些位置。之后，程序会计算并打印出当前的变换矩阵。

如果接收到字符"S"，则机器人会执行返回初始位置的动作。

Inverse()函数负责将末端执行器的欧拉角转换为关节角度。它首先将欧拉角转换为变换矩阵，然后通过逆向运动学计算出每个关节的角度。

getDH()函数用于根据 DH 参数（Denavit-Hartenberg 参数）计算单个关节的变换矩阵。

inputEulerToMatrix()函数将欧拉角转换为变换矩阵。

具体代码如下。

```
#include <MatrixMath.h>
#include <AccelStepper.h>
#include <MultiStepper.h>
// 定义步进电机引脚
#define PUL1_PIN 27
#define DIR1_PIN 29
#define PUL2_PIN 31
#define DIR2_PIN 33
#define PUL3_PIN 35
#define DIR3_PIN 37
#define PUL4_PIN 46
#define DIR4_PIN 48
#define PUL5_PIN A6
#define DIR5_PIN A7
#define PUL6_PIN A0
#define DIR6_PIN A1
#define EN321_PIN 39
#define EN4_PIN A8
#define EN5_PIN A2
#define EN6_PIN 38
// 定义步进电机每转一圈的脉冲数
const double dl1 = (360.0 / 200.0 / 32.0 / 5.1);
const double dl2 = (360.0 / 200.0 / 32.0 / 4.0);
const double dl3 = (360.0 / 200.0 / 32.0 / 5.0);
const double dl4 = (360.0 / 200.0 / 32.0 / 2.8);
const double dl5 = (360.0 / 200.0 / 32.0 / 2.1);
const double dl6 = (360.0 / 200.0 / 32.0 / 1.0);
```

```cpp
// 创建步进电机对象
AccelStepper stepper1(1, PUL1_PIN, DIR1_PIN);
AccelStepper stepper2(1, PUL2_PIN, DIR2_PIN);
AccelStepper stepper3(1, PUL3_PIN, DIR3_PIN);
AccelStepper stepper4(1, PUL4_PIN, DIR4_PIN);
AccelStepper stepper5(1, PUL5_PIN, DIR5_PIN);
AccelStepper stepper6(1, PUL6_PIN, DIR6_PIN);
MultiStepper steppers;
long start[] = {0 / dl1, 78 / dl2, -78 / dl3, 0 / dl4, 236 / dl5, 0 / dl6};
void setup() {
  Serial.begin(115200); // 初始化串口通信
  pinMode(EN321_PIN, OUTPUT);
  digitalWrite(EN321_PIN, LOW);
  pinMode(EN4_PIN, OUTPUT);
  digitalWrite(EN4_PIN, LOW);
  pinMode(EN5_PIN, OUTPUT);
  digitalWrite(EN5_PIN, LOW);
  pinMode(EN6_PIN, OUTPUT);
  digitalWrite(EN6_PIN, LOW);
  // 设置电机的最大运行速度
  stepper1.setMaxSpeed(360 / dl1 / 4);
  stepper2.setMaxSpeed(360 / dl2 / 4);
  stepper3.setMaxSpeed(360 / dl3 / 4);
  stepper4.setMaxSpeed(360 / dl4 / 4);
  stepper5.setMaxSpeed(360 / dl5 / 4);
  stepper6.setMaxSpeed(360 / dl6 / 4);
  steppers.addStepper(stepper1); // 将步进电机添加到 MultiStepper 对象
  steppers.addStepper(stepper2);
  steppers.addStepper(stepper3);
  steppers.addStepper(stepper4);
  steppers.addStepper(stepper5);
  steppers.addStepper(stepper6);
  // 开机移动到初始位置
  steppers.moveTo(start);
  steppers.runSpeedToPosition();
  // 初始化各关节位置
  stepper1.setCurrentPosition(0);
  stepper2.setCurrentPosition(0);
  stepper3.setCurrentPosition(0);
  stepper4.setCurrentPosition(0);
  stepper5.setCurrentPosition(90 / dl5);
  stepper6.setCurrentPosition(0);
  // 用户界面交互
  Serial.println("等待指令，请以(x,y,z,gamma,beta,alpha)格式输入: ");
}
long positions[6];
```

```cpp
long back[] = { 0 / dl1, -78 / dl2, 78 / dl3, 0 / dl4, -146 / dl5, 0 / dl6};
char inByte;

// 定义矩阵类型和相关变量
mtx_type Ti1_i[6][4][4];
mtx_type A[4][4] = {1, 0, 0, 0, 0, 1, 0, 0, 0, 0, 1, 0, 0, 0, 0, 1 };
mtx_type C[4][4];
float ai_1[] = {0, 47, 110, 26, 0, 0};
float alphai_1[] = {0, -PI / 2, 0, -PI / 2, PI / 2, -PI / 2};
float d[] = {133, 0, 0, 117.5, 0, 28};
float theta[6];
float euler[6];
float jointTarget[6];
long homep[] = {0, 0, 0, 0, 90 / dl5, 0};
void loop() {
  if (Serial.available() > 0) { // 检查是否有串口数据可读
    inByte = Serial.read(); // 读取一字节的数据
    if (inByte == '(') { // 如果接收到'('，则表示接收到了新的指令
      for (int i = 0; i < 6; i++) {
        euler[i] = Serial.parseFloat(); // 读取 6 个欧拉角
      }
      Inverse(euler, jointTarget); // 将欧拉角转换为关节角度
      Serial.println("关节坐标: ");
      for (int i = 0; i < 6; i++) {
        jointTarget[i] = jointTarget[i] * 180 / PI;
        Serial.print(jointTarget[i]);
        Serial.print("|");
        positions[i] = (long)jointTarget[i] / dl[i]; // 计算每个关节应该移动的步数
      }
      Serial.println("");
      if (isnan(jointTarget[0]) || isnan(jointTarget[1]) || isnan(jointTarget[2]) || isnan(jointTarget[3]) || isnan(jointTarget[4]) || isnan(jointTarget[5])) {
        Serial.println("无法移动到目标位置"); // 如果转换失败，则打印错误信息
      }
      else {
        Serial.println("开始移动");
        steppers.moveTo(positions); // 移动到计算出的关节位置
        steppers.runSpeedToPosition();
      }
      // 计算并打印当前的变换矩阵
      theta[0] = stepper1.currentPosition() * dl1 / 180 * PI;
      theta[1] = stepper2.currentPosition() * dl2 / 180 * PI - PI / 2;
      theta[2] = stepper3.currentPosition() * dl3 / 180 * PI;
      theta[3] = stepper4.currentPosition() * dl4 / 180 * PI;
      theta[4] = stepper5.currentPosition() * dl5 / 180 * PI;
      theta[5] = stepper6.currentPosition() * dl6 / 180 * PI;
```

```cpp
        for (int i = 0; i < 6; i++) {
            getDH(ai_1[i], alphai_1[i], d[i], theta[i], (mtx_type*)Ti1_i[i]);
            Matrix.Multiply((mtx_type*)A, (mtx_type*)Ti1_i[i], 4, 4, 4, (mtx_type*)C);
            Matrix.Copy((mtx_type*)C, 4, 4, (mtx_type*)A);
        }
        Matrix.Print((mtx_type*)A, 4, 4, "A");
        delay(5000);
        Serial.println("返回开机位置");
        steppers.moveTo(homep); // 返回初始位置
        steppers.runSpeedToPosition();
        Serial.println("等待指令，请以(x,y,z,gamma,beta,alpha)格式输入：");
    }
    else if (inByte == 'S') { // 如果接收到'S'，则返回初始位置
        steppers.moveTo(back);
        steppers.runSpeedToPosition();
        while (1); // 停止在这里，防止继续接收指令
    }
  }
}
// 逆向运动学函数，将末端执行器的欧拉角转换为关节角度
void Inverse(float* eulerWorld, float* joint) {
    float x, y, z;
    mtx_type DH[6][4][4];
    mtx_type T02[4][4];
    mtx_type T03[4][4];
    mtx_type T06[4][4];
    mtx_type T36[4][4];
    eulerWorld[3] = eulerWorld[3] * PI / 180;
    eulerWorld[4] = eulerWorld[4] * PI / 180;
    eulerWorld[5] = eulerWorld[5] * PI / 180;
    inputEulerToMatrix(eulerWorld, (mtx_type*)T06);
    x = eulerWorld[0] - d[5] * T06[0][2];
    y = eulerWorld[1] - d[5] * T06[1][2];
    z = eulerWorld[2] - d[5] * T06[2][2];
    joint[0] = atan2(y, x);
    joint[1] = PI / 2 - acos((ai_1[2] * ai_1[2] - (z - d[1]) * (z - d[1]) + (sqrt(x * x + y * y) - ai_1[1]) * (sqrt(x * x + y * y) - ai_1[1]) - (ai_1[3] * ai_1[3] + d[3] * d[3]))/ (2 * ai_1[2] * sqrt(z - d[1] * z - d[1] + (sqrt(x * x + y * y) - ai_1[1]) * (sqrt(x * x + y * y) - ai_1[1])))) - atan((z - d[1]) / (sqrt(x * x + y * y) - ai_1[1]));
    joint[2] = PI - acos((ai_1[2] * ai_1[2] + ai_1[3] * ai_1[3] + d[4] * d[4] - (z - d[1]) * (z - d[1]) - (sqrt(x * x + y * y - d[3] * d[3]) - ai_1[1]) * (sqrt(x * x + y * y - d[3] * d[3]) - ai_1[1])) / (2 * ai_1[2] * sqrt(ai_1[3] * ai_1[3] + d[4] * d[4]))) - atan(d[4] / ai_1[3]);

    getDH(ai_1[0], alphai_1[0], d[0], joint[0],        (mtx_type*)DH[0]);
    getDH(ai_1[1], alphai_1[1], d[1], joint[1] - PI / 2,  (mtx_type*)DH[1]);
    getDH(ai_1[2], alphai_1[2], d[2], joint[2],        (mtx_type*)DH[2]);
    Matrix.Multiply((mtx_type*)DH[0], (mtx_type*)DH[1], 4, 4, 4, (mtx_type*)T02);
```

```
        Matrix.Multiply((mtx_type*)T02, (mtx_type*)DH[2], 4, 4, 4, (mtx_type*)T03);
        Matrix.Invert((mtx_type*)T03, 4);
        Matrix.Multiply((mtx_type*)T03, (mtx_type*)T06, 4, 4, 4, (mtx_type*)T36);
        joint[3] = atan2(T36[2][2], -T36[0][2]);
        joint[4] = atan2(sqrt(T36[2][2] * T36[2][2] + T36[0][2] * T36[0][2]), T36[1][2]);
        joint[5] = atan2(-T36[1][1], T36[1][0]);
}
// 根据 DH 参数计算单个关节的变换矩阵
void getDH(float dha_1, float dhalpha_1, float dhd, float joint, mtx_type* dh) {
        dh[0 * 4 + 0] = cos(joint);
        dh[0 * 4 + 1] = -sin(joint);
        dh[0 * 4 + 2] = 0;
        dh[0 * 4 + 3] = dha_1;
        dh[1 * 4 + 0] = sin(joint) * cos(dhalpha_1);
        dh[1 * 4 + 1] = cos(joint) * cos(dhalpha_1);
        dh[1 * 4 + 2] = -sin(dhalpha_1);
        dh[1 * 4 + 3] = -sin(dhalpha_1) * dhd;
        dh[2 * 4 + 0] = sin(joint) * sin(dhalpha_1);
        dh[2 * 4 + 1] = cos(joint) * sin(dhalpha_1);
        dh[2 * 4 + 2] = cos(dhalpha_1);
        dh[2 * 4 + 3] = cos(dhalpha_1) * dhd;
        dh[3 * 4 + 0] = 0;
        dh[3 * 4 + 1] = 0;
        dh[3 * 4 + 2] = 0;
        dh[3 * 4 + 3] = 1;
}
// 将欧拉角转换为变换矩阵
void inputEulerToMatrix(float* euler, mtx_type* Matrix) {
        Matrix[0 * 4 + 0] = cos(euler[5]) * cos(euler[4]);
        Matrix[0 * 4 + 1] = cos(euler[5]) * sin(euler[4]) * sin(euler[3]) - sin(euler[5]) * cos(euler[3]);
        Matrix[0 * 4 + 2] = cos(euler[5]) * sin(euler[4]) * cos(euler[3]) + sin(euler[5]) * sin(euler[3]);
        Matrix[0 * 4 + 3] = euler[0];
        Matrix[1 * 4 + 0] = sin(euler[5]) * cos(euler[4]);
        Matrix[1 * 4 + 1] = sin(euler[5]) * sin(euler[4]) * sin(euler[3]) + cos(euler[5]) * cos(euler[3]);
        Matrix[1 * 4 + 2] = sin(euler[5]) * sin(euler[4]) * cos(euler[3]) - cos(euler[5]) * sin(euler[3]);
        Matrix[1 * 4 + 3] = euler[1];
        Matrix[2 * 4 + 0] = -sin(euler[4]);
        Matrix[2 * 4 + 1] = cos(euler[4]) * sin(euler[3]);
        Matrix[2 * 4 + 2] = cos(euler[4]) * cos(euler[3]);
        Matrix[2 * 4 + 3] = euler[2];
        Matrix[3 * 4 + 0] = 0;
        Matrix[3 * 4 + 1] = 0;
        Matrix[3 * 4 + 2] = 0;
        Matrix[3 * 4 + 3] = 1;
}
```

任务的调试运行

根据电路图连接硬件电路，编写并调试程序，观察机械臂的运行情况，确保其按照预期轨迹进行工作，否则应分块进行程序调试，直到达到预期目标。

知识点

5.2.1 MatrixMath 扩展库

MatrixMath 库是一个用于 Arduino 平台的轻量级线性代数库，主要用于矩阵运算。它提供了基本的矩阵操作功能，如矩阵加法、减法、乘法、转置和求逆等。该库使用二维数组来表示矩阵，用户需要手动检查矩阵的维度是否匹配。更详细的库函数说明请参考本项目末尾的二维码。

5.2.2 机器人运动学建模

实现运动学控制的方法包括正向运动学控制与逆向运动学控制。

正向运动学控制：根据关节角度计算末端执行器的位置和姿态。

逆向运动学控制：根据末端执行器的目标位置和姿态计算关节角度。

机械臂的运动学建模主要涉及描述机械臂各个关节的位置和姿态，常用的方法是 Denavit-Hartenberg（D-H）参数法。D-H 参数法参数图解如图 5-2-1 所示，D-H 参数法通过 4 个参数（连杆长度 a、连杆扭角 α、连杆偏距 d 和连杆转角 θ，英文字母代表长度，希腊字母代表角度）来描述相邻连杆之间的关系，从而建立机械臂的运动学方程。智能机械臂关节示意图如图 5-2-2 所示，图中标注处为机械臂该关节处轴端位置，圆圈表示该处有一个和纸面垂直放置的关节。智能机械臂共有 6 个关节（不包含末端手爪部分），具有 6 个自由度。

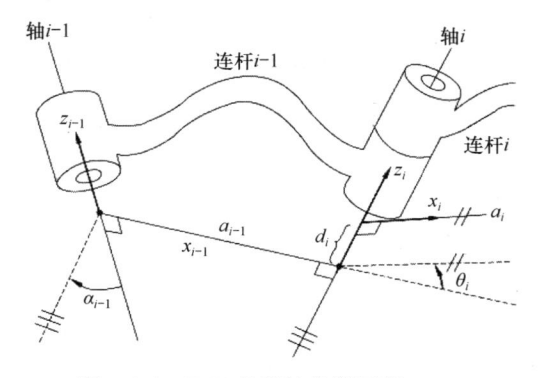

图 5-2-1　D-H 参数法参数图解 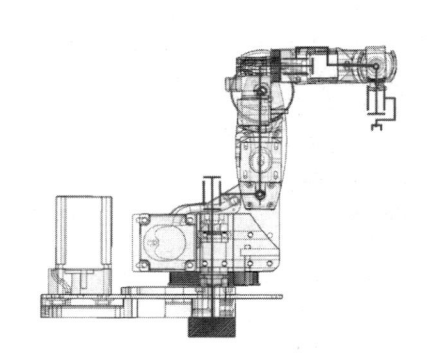　　　图 5-2-2　智能机械臂关节示意图

根据连杆坐标系和关节对应关系的不同，D-H 建模法可以分为标准 D-H（Standard D-H）和改进 D-H（Modified D-H，MDH），本书介绍 MDH 建模。图 5-2-1 展示了一个长

度不为零的连杆的两端连接了两个关节的情况,连杆的运动学功能在于保持两端关节轴线之间固定的几何关系。图中相关参数说明如下。

(1) 连杆 $i-1$ 的长度 a_{i-1}:关节轴线 $i-1$ 和关节轴线 i 的公法线长度。

(2) 连杆 $i-1$ 的扭角 α_{i-1}:关节轴线 $i-1$ 和关节轴线 i 的夹角;指向为从轴线 $i-1$ 到轴线 i。

(3) 连杆 i 相对于连杆 $i-1$ 的偏置 d_i:关节 i 上的两条公法线 a_i 与 a_{i-1} 之间的距离,沿关节轴线 i 测量,若关节是移动关节,则它是关节变量。

(4) 关节角 θ_i:连杆 i 相对于连杆 $i-1$ 绕轴线 i 的旋转角度,绕关节轴线 i 测量,若关节 i 是转动关节,则它是关节变量。

MDH 建模步骤如下。

(1) 确认各关节轴线和 z 轴:定义关节轴线为 z 轴所在位置。

(2) 建立各关节坐标系。

确认原点的方法:若关节轴不相交,则找出关节轴 i 和 $i+1$ 之间的公垂线,以公垂线与关节轴 i 的交点,作为连杆坐标系{i}的原点;若关节轴相交,则以关节轴 i 和 $i+1$ 的交点,作为连杆坐标系{i}的原点。

确认 x_i 轴的方法:规定 x_i 轴沿公垂线的指向,如果关节轴 i 和 $i+1$ 相交,则规定 x_i 轴垂直于关节轴 i 和 $i+1$ 所在平面。

确认 z 轴方向:轴规定的旋转方向。

确认 y 轴方向:基于右手定则判断。

(3) 确定 D-H 参数。

a_i 为连杆长度:关节轴线 i 和关节轴线 $i+1$ 的公法线长度。

α_i 为扭角:z_i 与 z_{i+1} 的夹角。

d_i 为连杆偏置:x_i 与 x_{i+1} 的公法线长度。

θ_i 为关节角:逆向运动学求解目标。

MDH 建模步骤总结:对于一个新机构,可以按照下面的步骤正确地建立连杆坐标系。

(1) 找出各关节轴,并标出(或画出)这些轴线的延长线。在下面的步骤(2)至步骤(5)中,仅考虑两个相邻的轴线(关节轴 i 和 $i+1$)。

(2) 找出关节轴 i 和 $i+1$ 之间的公垂线或关节轴 i 和 $i+1$ 的交点,以关节轴 i 和 $i+1$ 的交点或公垂线与关节轴 i 的交点作为连杆坐标系{i}的原点。

(3) 规定 z 轴沿关节轴 i 的指向。

(4) 规定 x 轴沿公垂线的指向,如果关节轴 i 和 $i+1$ 相交,则规定 x 轴垂直于关节轴 i 和 $i+1$ 所在的平面。

(5) 按照右手定则确定 y 轴。

连杆参数定义:

a_{i-1} 表示沿 x_{i-1} 轴,从 z_{i-1} 移动到 z_i 的距离;

α_{i-1} 表示绕 x_{i-1} 轴,从 Z_{i-1} 旋转到 Z_i 的角度;

d_i 表示沿 z_i 轴,从 x_{i-1} 移动到 x_i 的距离;

θ_i 表示绕 z_i 轴,从 x_{i-1} 旋转到 x_i 的角度。

根据以上步骤,完成 D-H 建模任务。

5.2.3 欧拉角描述方式

欧拉角和位姿齐次矩阵是机器人学和计算机图形学中常用的工具,用于描述和计算物体在三维空间中的位置和姿态。欧拉角是描述三维空间中物体方向的一组角度。它以著名的数学家莱昂哈德·欧拉的名字命名,是航空、航天、机器人学和计算机图形学等领域中常用的一种表示方法。

欧拉角由3个角度组成,通常表示为 α(偏航角)、β(俯仰角)和 γ(翻滚角)。这3个角度分别对应于物体绕3个坐标轴的旋转。

偏航角(yaw):绕 Z 轴的旋转,通常用来描述物体的前进方向。

俯仰角(pitch):绕 Y 轴的旋转,用来描述物体的上下倾斜。

翻滚角(roll):绕 X 轴的旋转,用来描述物体的左右倾斜。

欧拉角的优点是直观和简单,容易理解和计算,但它也有一些缺点,比如万向锁问题,当两个旋转轴对齐时,会出现一个自由度的丢失。此外,在某些特定角度组合下,欧拉角的表示会出现问题,导致计算不稳定。

由于这些局限性,人们发展了其他表示方法,如四元数和旋转矩阵,来解决万向锁和奇异性问题。尽管如此,欧拉角因其直观性在许多实际应用中仍然被广泛使用。了解欧拉角的定义、优点和缺点对于正确使用和理解三维空间中的旋转非常重要。

在机器人逆向运动学控制中,会使用欧拉角这种简单直观的姿态描述方式作为输入,但在机器人姿态解算过程中,需要将其转换成姿态矩阵的描述形式。这个过程涉及将3个旋转角分别应用到旋转矩阵上,然后进行矩阵乘法。以下是将欧拉角转换为姿态矩阵的一般步骤。

(1)偏航角旋转矩阵:

$$R_{z(\alpha)} = \begin{bmatrix} \cos(\alpha) & -\sin(\alpha) & 0 \\ \sin(\alpha) & \cos(\alpha) & 0 \\ 0 & 0 & 1 \end{bmatrix}$$

(2)俯仰角旋转矩阵:

$$R_{y(\beta)} = \begin{bmatrix} \cos(\beta) & 0 & \sin(\beta) \\ 0 & 1 & 0 \\ -\sin(\beta) & 0 & \cos(\beta) \end{bmatrix}$$

(3)翻滚角旋转矩阵:

$$R_{x(\gamma)} = \begin{bmatrix} 1 & 0 & 0 \\ 0 & \cos(\gamma) & -\sin(\gamma) \\ 0 & \sin(\gamma) & \cos(\gamma) \end{bmatrix}$$

(4)计算最终姿态矩阵:将上述3个旋转矩阵按照特定的顺序相乘,得到最终的姿态矩阵 R。需要注意的是,旋转的顺序(也被称为旋转轴的顺序)会影响最终的姿态矩阵。不同的应用可能使用不同的顺序,常见的顺序是先偏航再俯仰最后翻滚,即

$$R = R_{z(\alpha)} \times R_{y(\beta)} \times R_{x(\gamma)} \tag{5-1}$$

式（5-1）的"×"表示矩阵乘法。

有些应用可能先进行俯仰再偏航最后翻滚。因此，正确的旋转顺序对于确保姿态矩阵的准确性至关重要。

此外，由于欧拉角存在万向锁问题，某些姿态矩阵的计算可能在特定角度下会出现问题。在实际应用中，可能需要使用其他方法（如四元数或旋转向量）来避免这些问题。

5.2.4 机器人逆向运动学建模

逆向运动学建模是指已知机械臂末端执行器的位置和姿态，求解各个关节的角度。逆向运动学问题通常比正向运动学复杂，因为它可能有多个解或无解。常用的方法包括几何法、代数法和数值迭代法。以下是使用几何法求解机器人逆向运动学模型的基本步骤。

（1）确定末端执行器的位置和方向：需要知道末端执行器的期望位置（通常用笛卡尔坐标表示）和姿态（可以用旋转矩阵或欧拉角表示）。

（2）从末端到起点的逆向分析：从末端执行器的位置开始，逆向考虑每个关节对末端执行器位置的贡献。

（3）关节角度的计算：对于每个关节，根据其类型（旋转关节或滑动关节）和末端执行器的位置，使用几何关系来计算关节的角位移。例如，对于旋转关节，可能需要使用余弦定理或正弦定理。

（4）考虑关节的约束：机器人的关节通常有运动范围的限制，需要确保计算出的关节角度在这些范围内。

（5）迭代求解：逆向运动学问题可能有多个解或无解，可能需要通过迭代方法来逼近最优解。

（6）使用几何关系：利用关节和连杆之间的几何关系，如连杆的长度和关节的旋转半径之间关系，来建立方程。

（7）代数计算：通过代数计算求解方程组，得到关节角度的值。

（8）验证和调整：计算得到的关节角度需要在仿真环境中进行验证，以确保末端执行器能够达到预期的位置和姿态。如果有必要，根据仿真结果对关节角度进行调整。

（9）考虑奇异性：在某些特定的配置下，机器人的逆向运动学问题可能没有解或有无限多解，这些特定的配置被称为奇异点。在设计运动路径时，需要避免这些奇异点。

（10）使用逆向运动学求解器：对于复杂的机器人模型，手动求解逆向运动学模型可能非常困难。在这种情况下，可以使用专门的逆向运动学求解器或算法，如解析法、数值法或基于优化的方法。

几何法求解逆向运动学模型是一种直观的方法，但它可能需要复杂的几何和代数分析，特别是对于具有多个关节和复杂几何关系的机器人。在实际应用中，逆向运动学的求解通常涉及计算机辅助设计软件和专业的机器人仿真工具。

任务小结

本任务介绍了机器人/机械臂正向运动学和逆向运动学的基本原理，以及机械臂数学建模与程序调试的基本方法，为后续任务打下基础。

任务 5.3　智能视觉引导的机械臂搬运程序设计

教学导航

知识目标
- 了解视觉传感器的基本工作原理。
- 掌握 Arduino 与视觉传感器通信的基本方法。
- 掌握视觉库的使用方法和机械臂抓取目标的基本方法。

技能目标
- 能够进行视觉传感器的安装和调试。
- 能完成智能视觉引导的机械臂搬运程序的编写和调试。
- 能够实现 Arduino 与视觉传感器的通信。

重点、难点
- 视觉传感器的工作原理。
- Arduino 与视觉传感器的通信。
- 视觉库的使用方法和机械臂抓取目标的基本方法。

任务描述、目的及要求

通过视觉输入随机的物料位置，通过机械臂将散落的物料整齐地码放好。

电路设计

电路设计在前两个任务的基础上，添加了电磁铁。电磁铁作为取物料的手爪，接在 Ramps 扩展板上，对应 Arduino 的 8 号引脚。智能视觉控制器通过串口与 Arduino 通信。

程序设计

在基于视觉的机械臂控制系统中，常用的控制结构有两种：一种是基于图像反馈的视觉伺服系统，利用目标图像与期望图像之间的偏差反馈给视觉控制器，驱动机械臂完成任务；另一种是基于位置反馈的视觉控制系统，如图 5-3-1 所示，利用获取的目标位置与期望位置的差值作为控制参数，输入给视觉控制器以得到关节控制量，从而驱动机械臂运动，完成工作任务。基于位置反馈的视觉系统直接以目标物体的空间位置为参数，机械臂关节运动控制部分也采用相应的闭环控制算法，实现对目标物体的准确抓取。

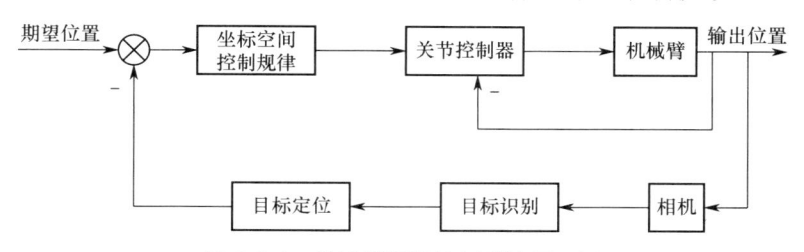

图 5-3-1　机械臂视觉控制系统原理图

智能机械臂抓取流程如图 5-3-2 所示。首先，通过深度相机采集传输图像信息，获得实际场景的彩色图像，进行目标检测与识别，接着结合手眼标定得到的相机坐标系与机械臂基坐标系之间的坐标转换矩阵及深度图像获得机械臂的目标位姿，然后机械臂进行运动规划，获得连续的关节位置坐标，最后机械臂对目标进行抓取。本实验装置使用的是海康威视工业相机和 Visionmaster 软件，视觉软件的应用相关资料请查阅技术手册。

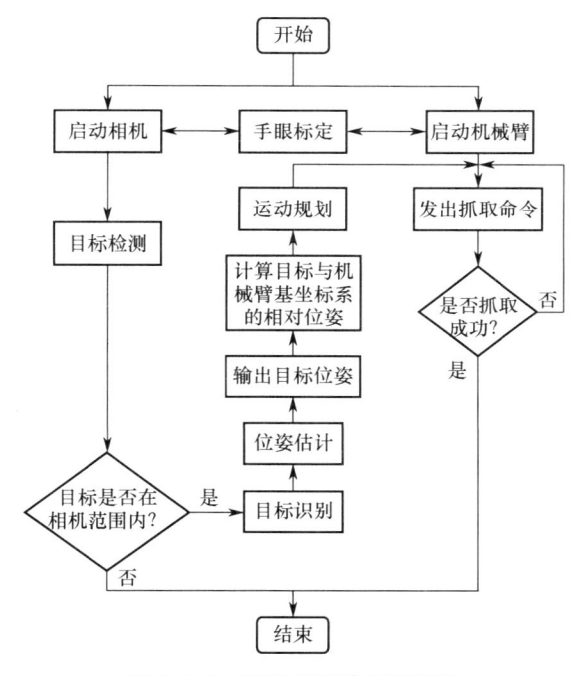

图 5-3-2　智能机械臂抓取流程

部分关键程序如下。

```c
#include <MatrixMath.h>
#include <AccelStepper.h>
#include <MultiStepper.h>
#define row 2
#define col 2
```

```cpp
#define xinc 30
#define yinc 30
#define zinc 1.8
#define height 35
// 定义步进电机引脚
#define PUL1_PIN 27
#define DIR1_PIN 29
#define PUL2_PIN 31
#define DIR2_PIN 33
#define PUL3_PIN 35
#define DIR3_PIN 37
#define PUL4_PIN 46
#define DIR4_PIN 48
#define PUL5_PIN A6
#define DIR5_PIN A7
#define PUL6_PIN A0
#define DIR6_PIN A1
#define EN321_PIN 39
#define EN4_PIN A8
#define EN5_PIN A2
#define EN6_PIN 38
// 定义步进电机每转一圈的脉冲数
const double dl1 = (360.0 / 200.0 / 32.0 / 5.1);
const double dl2 = (360.0 / 200.0 / 32.0 / 4.0);
const double dl3 = (360.0 / 200.0 / 32.0 / 5.0);
const double dl4 = (360.0 / 200.0 / 32.0 / 2.8);
const double dl5 = (360.0 / 200.0 / 32.0 / 2.1);
const double dl6 = (360.0 / 200.0 / 32.0 / 1.0);
// 创建步进电机对象
AccelStepper stepper1(1, PUL1_PIN, DIR1_PIN);
AccelStepper stepper2(1, PUL2_PIN, DIR2_PIN);
AccelStepper stepper3(1, PUL3_PIN, DIR3_PIN);
AccelStepper stepper4(1, PUL4_PIN, DIR4_PIN);
AccelStepper stepper5(1, PUL5_PIN, DIR5_PIN);
AccelStepper stepper6(1, PUL6_PIN, DIR6_PIN);
MultiStepper steppers;
long start[] = {0 / dl1, 78 / dl2, -78 / dl3, 0 / dl4, 236 / dl5, 0 / dl6};
float incoming[2] = {};
float storageX = 0;
float storageY = 0;
long positions[6];
long back[] = { 0 / dl1, -78 / dl2, 78 / dl3, 0 / dl4, -146 / dl5, 0 / dl6};
char inByte;
float Xstorage[6] = {200, 0, height, 90.0, 180.0, -90.0};
float Xstock = 150;
float Ystock = 120;
```

```
float Xstorage1[6] = {150, 120, height, 90.0, 180.0, -90.0};
mtx_type Ti1_i[6][4][4];
mtx_type A[4][4] = {1, 0, 0, 0, 0, 1, 0, 0, 0, 0, 1, 0, 0, 0, 0, 1};
mtx_type C[4][4];
float ai_1[] = {0, 47, 110, 26, 0, 0};
float alphai_1[] = {0, -PI / 2, 0, -PI / 2, PI / 2, -PI / 2};
float d[] = {133, 0, 0, 117.5, 0, 28};
float theta[6];
float euler[6];
float jointTarget[6];
long homep[] = {0, 0, 0, 0, 90 / dl5, 0};
int ii = 0;
int xx = 0;
int zz = 0;
int yy = 0;
void setup() {
  Serial.begin(115200);
  pinMode(EN321_PIN, OUTPUT);
  digitalWrite(EN321_PIN, LOW);
  pinMode(EN4_PIN, OUTPUT);
  digitalWrite(EN4_PIN, LOW);
  pinMode(EN5_PIN, OUTPUT);
  digitalWrite(EN5_PIN, LOW);
  pinMode(EN6_PIN, OUTPUT);
  digitalWrite(EN6_PIN, LOW);
  pinMode(8, OUTPUT);//末端电磁铁
  //电机的最大运行速度
  stepper1.setMaxSpeed(360 / dl1 / 4);
  stepper2.setMaxSpeed(360 / dl2 / 4);
  stepper3.setMaxSpeed(360 / dl3 / 4);
  stepper4.setMaxSpeed(360 / dl4 / 4);
  stepper5.setMaxSpeed(360 / dl5 / 4);
  stepper6.setMaxSpeed(360 / dl6 / 4);
  steppers.addStepper(stepper1);
  steppers.addStepper(stepper2);
  steppers.addStepper(stepper3);
  steppers.addStepper(stepper4);
  steppers.addStepper(stepper5);
  steppers.addStepper(stepper6);
  //打开电磁铁
  digitalWrite(8, HIGH);
  //开机
  steppers.moveTo(start);
  steppers.runSpeedToPosition();
  //初始化各关节位置
  stepper1.setCurrentPosition(0);
```

```cpp
    stepper2.setCurrentPosition(0);
    stepper3.setCurrentPosition(0);
    stepper4.setCurrentPosition(0);
    stepper5.setCurrentPosition(90 / dl5);
    stepper6.setCurrentPosition(0);
    Serial.print("OK");
    //机器人初始抓取一个物料，放置到固定位置，读取相机反馈位置，进行简易手眼标定
    Inverse(Xstorage, jointTarget);
    Serial.println("关节坐标：");
    for (int i = 0; i < 6; i++) {
       jointTarget[i] = jointTarget[i] * 180 / PI;
       Serial.print(jointTarget[i]);
       Serial.print("|");
       positions[i] = (long)jointTarget[i] / dl[i];
    }
    Serial.println("");
    if(isnan(jointTarget[0]) || isnan(jointTarget[1]) || isnan(jointTarget[2]) || isnan(jointTarget[3]) || isnan(jointTarget[4]) || isnan(jointTarget[5]))
    {
       Serial.println("无法移动到目标位置");
    }
    else
    {
       Serial.println("开始移动");
       steppers.moveTo(positions);
       steppers.runSpeedToPosition();
    }
    //释放电磁铁
    digitalWrite(8, LOW);
    delay(500);
    steppers.moveTo(homep);
    steppers.runSpeedToPosition();
    Serial.print("N");
    while (Serial.available() <= 0) {}
    while (Serial.available() > 0) {
       int inChar = Serial.read(); //读取内存中的字符类型数据
       if ((char)inChar == '(')
       {
          for (byte i = 0; i < 2; i++)
          {
             incoming [i] = Serial.parseFloat();
          }
          while (Serial.read() == ')') {}

          storageX = incoming[0];
          storageY = incoming[1];
```

```
      }
      delay(1000);
    }
    Serial.print("N");
  }
  void loop() {
    if (Serial.available() > 0) {
      // 获取输入信息
      inByte = Serial.read();
      if (inByte == '(') {
        for (byte i = 0; i < 2; i++)
        {
          incoming [i] = Serial.parseFloat();
        }
        //计算新位置与初始位置在机器人坐标系中的偏差
        euler[0] = 200 + incoming[0] - storageX;
        euler[1] = incoming[1] - storageY;
        euler[2] = height;
        euler[3] = 90.0;
        euler[4] = 180;
        euler[5] = -90.0;
        Inverse(euler, jointTarget);
        Serial.println("关节坐标: ");
        for (int i = 0; i < 6; i++) {
          jointTarget[i] = jointTarget[i] * 180 / PI;
          Serial.print(jointTarget[i]);
          Serial.print("|");
          positions[i] = (long)jointTarget[i] / dl[i];
        }
        Serial.println("");
        if (isnan(jointTarget[0]) || isnan(jointTarget[1]) || isnan(jointTarget[2]) || isnan(jointTarget[3]) || isnan(jointTarget[4]) || isnan(jointTarget[5]))
        {
          Serial.println("无法移动到目标位置");
        }
        else
        {
          Serial.println("开始移动");
          steppers.moveTo(positions);
          steppers.runSpeedToPosition();
        }
        //到达指定位置拾取目标物料
        digitalWrite(8, HIGH);
        delay(500)
        steppers.moveTo(homep);
        steppers.runSpeedToPosition();           //计算码垛位置并移动
```

```cpp
            Inverse(Xstorage1, jointTarget);
            Serial.println("关节坐标：");
            for (int i = 0; i < 6; i++) {
                jointTarget[i] = jointTarget[i] * 180 / PI;
                Serial.print(jointTarget[i]);
                Serial.print("|");
                positions[i] = (long)jointTarget[i] / dl[i];
            }
            Serial.println("");
            if (isnan(jointTarget[0]) || isnan(jointTarget[1]) || isnan(jointTarget[2]) || isnan(jointTarget[3]) || isnan(jointTarget[4]) || isnan(jointTarget[5]))
            {
                Serial.println("无法移动到目标位置");
            }
            else
            {
                Serial.println("开始移动");
                steppers.moveTo(positions);
                steppers.runSpeedToPosition();
            }
            digitalWrite(8, LOW);
            delay(500)
            steppers.moveTo(homep);
            xx = ii % (row * col);
            zz = ii / (row * col);
            yy = xx / row;
            xx = xx % row;
            Xstorage1[0] = Xstock + xx * xinc;
            Xstorage1[1] = Ystock + yy * yinc;
            Xstorage1[2] = height + zz * zinc;
            Xstorage1[3] = 90.0;
            Xstorage1[4] = 180;
            Xstorage1[5] = -90.0;
            Serial.print("N");
        }
        else if (inByte == 'S') {
            steppers.moveTo(back);
            steppers.runSpeedToPosition();
            while (1);
        }
    }
}
// 逆向运动学函数，将末端执行器的欧拉角转换为关节角度
void Inverse(float* eulerWorld, float* joint) {
    float x, y, z;
    mtx_type DH[6][4][4];
```

```
        mtx_type T02[4][4];
        mtx_type T03[4][4];
        mtx_type T06[4][4];
        mtx_type T36[4][4];
        eulerWorld[3] = eulerWorld[3] * PI / 180;
        eulerWorld[4] = eulerWorld[4] * PI / 180;
        eulerWorld[5] = eulerWorld[5] * PI / 180;
        inputEulerToMatrix(eulerWorld, (mtx_type*)T06);
            x = eulerWorld[0] - d[5] * T06[0][2];
            y = eulerWorld[1] - d[5] * T06[1][2];
            z = eulerWorld[2] - d[5] * T06[2][2];
        joint[0] = atan2(y, x);
        joint[1] = PI / 2 - acos((ai_1[2] * ai_1[2] - (z - d[1]) * (z - d[1]) + (sqrt(x * x + y * y) - ai_1[1]) * (sqrt
(x * x + y * y) - ai_1[1]) - (ai_1[3] * ai_1[3] + d[3] * d[3])) / (2 * ai_1[2] * sqrt(z - d[1] * z - d[1] + (sqrt(x * x +
y * y) - ai_1[1]) * (sqrt(x * x + y * y) - ai_1[1])))) - atan((z - d[1]) / (sqrt(x * x + y * y) - ai_1[1]));
        joint[2] = PI - acos((ai_1[2] * ai_1[2] + ai_1[3] * ai_1[3] + d[4] * d[4] - (z - d[1]) * (z - d[1]) - (sqrt(x *
x + y * y - d[3] * d[3]) - ai_1[1]) * (sqrt(x * x + y * y - d[3] * d[3]) - ai_1[1])) / (2 * ai_1[2] * sqrt(ai_1[3] *
ai_1[3] + d[4] * d[4]))) - atan(d[4] / ai_1[3]);
        getDH(ai_1[0], alphai_1[0], d[0], joint[0],     (mtx_type*)DH[0]);
        getDH(ai_1[1], alphai_1[1], d[1], joint[1] - PI / 2,    (mtx_type*)DH[1]);
        getDH(ai_1[2], alphai_1[2], d[2], joint[2],     (mtx_type*)DH[2]);
        Matrix.Multiply((mtx_type*)DH[0], (mtx_type*)DH[1], 4, 4, 4, (mtx_type*)T02);
        Matrix.Multiply((mtx_type*)T02, (mtx_type*)DH[2], 4, 4, 4, (mtx_type*)T03);
        Matrix.Invert((mtx_type*)T03, 4);
        Matrix.Multiply((mtx_type*)T03, (mtx_type*)T06, 4, 4, 4, (mtx_type*)T36);
        joint[3] = atan2(T36[2][2], -T36[0][2]);
        joint[4] = atan2(sqrt(T36[2][2] * T36[2][2] + T36[0][2] * T36[0][2]), T36[1][2]);
        joint[5] = atan2(-T36[1][1], T36[1][0]);
    }
// 根据 DH 参数计算单个关节的变换矩阵
    void getDH(float dha_1, float dhalpha_1, float dhd, float joint, mtx_type* dh) {
        dh[0 * 4 + 0] = cos(joint);
        dh[0 * 4 + 1] = -sin(joint);
        dh[0 * 4 + 2] = 0;
        dh[0 * 4 + 3] = dha_1;
        dh[1 * 4 + 0] = sin(joint) * cos(dhalpha_1);
        dh[1 * 4 + 1] = cos(joint) * cos(dhalpha_1);
        dh[1 * 4 + 2] = -sin(dhalpha_1);
        dh[1 * 4 + 3] = -sin(dhalpha_1) * dhd;
        dh[2 * 4 + 0] = sin(joint) * sin(dhalpha_1);
        dh[2 * 4 + 1] = cos(joint) * sin(dhalpha_1);
        dh[2 * 4 + 2] = cos(dhalpha_1);
        dh[2 * 4 + 3] = cos(dhalpha_1) * dhd;
        dh[3 * 4 + 0] = 0;
        dh[3 * 4 + 1] = 0;
        dh[3 * 4 + 2] = 0;
```

```cpp
        dh[3 * 4 + 3] = 1;
    }
    // 将欧拉角转换为变换矩阵
    void inputEulerToMatrix(float* euler, mtx_type* Matrix) {
        Matrix[0 * 4 + 0] = cos(euler[5]) * cos(euler[4]);
        Matrix[0 * 4 + 1] = cos(euler[5]) * sin(euler[4]) * sin(euler[3]) - sin(euler[5]) * cos(euler[3]);
        Matrix[0 * 4 + 2] = cos(euler[5]) * sin(euler[4]) * cos(euler[3]) + sin(euler[5]) * sin(euler[3]);
        Matrix[0 * 4 + 3] = euler[0];
        Matrix[1 * 4 + 0] = sin(euler[5]) * cos(euler[4]);
        Matrix[1 * 4 + 1] = sin(euler[5]) * sin(euler[4]) * sin(euler[3]) + cos(euler[5]) * cos(euler[3]);
        Matrix[1 * 4 + 2] = sin(euler[5]) * sin(euler[4]) * cos(euler[3]) - cos(euler[5]) * sin(euler[3]);
        Matrix[1 * 4 + 3] = euler[1];
        Matrix[2 * 4 + 0] = -sin(euler[4]);
        Matrix[2 * 4 + 1] = cos(euler[4]) * sin(euler[3]);
        Matrix[2 * 4 + 2] = cos(euler[4]) * cos(euler[3]);
        Matrix[2 * 4 + 3] = euler[2];
        Matrix[3 * 4 + 0] = 0;
        Matrix[3 * 4 + 1] = 0;
        Matrix[3 * 4 + 2] = 0;
        Matrix[3 * 4 + 3] = 1;
    }
```

任务的调试运行

程序开头 row、col 定义了物品（码垛）的目标形式是 2 行 2 列。xinc、yinc、zinc 定义了码垛行、列、层的偏移，在密排的情况下等于物料的长、宽、高。height 是机械臂初始位置距离码垛工作面的高度修正系数，用于调整码垛工作面与机器人底面不平齐的情况。

程序运行后，需要手动给机器人添加一个物料，机器人将其放到机器人坐标下的初始位置（200，0），然后给相机进程发送"N"标识符（代表机器人空闲），相机识别物料位置并返回相机坐标系下的物料点位。这些坐标都是以毫米为单位的，机器人计算后得到两坐标系的补偿关系。如果补偿关系不正确，则请修改以下内容。

```
//计算新位置与初始位置在机器人坐标系中的偏差
euler[0] = 200 + incoming[0] - storageX;
euler[1] = incoming[1] - storageY;
```

初始化完成后，机器人继续发送空闲指令，当相机在检测区域内识别到物体时，向机器人发送拾取位置，机器人自动进行码垛操作。

知识点

5.3.1 视觉传感器的工作原理

视觉传感器通过摄像机捕捉图像，并利用图像处理技术来分析和提取物体的特征信息，如面积、重心、长度和位置等。其主要组成部分包括光学镜头、图像传感器（如 CCD

或 CMOS）、数字信号处理单元和输出接口。光线通过光学镜头聚焦到图像传感器上，图像传感器将光信号转换为电信号，经过数字信号处理单元处理后，生成清晰的数字图像。

视觉传感器输出空间坐标的原理涉及多个步骤，这些步骤通常包括图像采集、特征提取、空间定位和坐标转换。单目相机获取空间位置的步骤和原理如下。

1．图像采集

视觉传感器（如摄像头）捕捉场景的图像。这些图像是二维的，但包含了场景中物体的视觉信息。

2．特征提取

在图像中识别并提取关键特征点，如角点、边缘或其他显著的模式。这些特征点在图像序列中容易被跟踪，并且在空间中具有可区分性。

3．相机模型

视觉传感器的输出需要根据相机的内部参数（焦距、主点坐标等）和外部参数（相机相对于世界坐标系的位置和方向）来解释。这些参数通常通过相机标定过程获得。

4．像素坐标到相机坐标的转换

将图像中的特征点的像素坐标转换为相机坐标系下的三维坐标。这需要应用相机的内参和畸变模型。

5．输出空间坐标

视觉传感器输出的是物体在相机坐标系下的二维空间坐标，这些坐标可以用于机器人导航、物体识别、增强现实等多种应用。

视觉传感器输出空间坐标的原理依赖于精确的相机模型、有效的特征提取和稳健的几何计算。在实际应用中，还需要考虑光照变化、遮挡、动态环境等因素，以确保坐标输出的准确性和可靠性。

5.3.2 手眼标定

手眼标定是机器人视觉领域中的一个重要概念，它涉及确定机器人手部（通常是机械臂）与相机（即"眼睛"）之间的相对位置和姿态。手眼标定对于精确控制机器人末端执行器的操作至关重要，尤其是在需要精确视觉引导的情况下。

1．明确标定目标

在机器人系统中，手部（机械臂）和眼睛（相机）可以被视为两个独立的坐标系。手眼标定的目的是确定这两个坐标系之间的转换关系。

2．空间坐标转换

利用标定工具的特征点，通过几何关系和三角测量法，将标定工具在机械臂坐标系中的坐标转换到相机坐标系中。

3. 计算手眼转换矩阵

根据标定工具在两个坐标系中的位置关系，计算从机械臂坐标系到相机坐标系的转换矩阵，这通常包括旋转矩阵和平移向量。

手眼标定的关键在于精确地确定摄像头与机械臂末端执行器之间的相对位置和姿态，这通常需要精确的标定工具、算法和实验设置。在实际应用中，手眼标定可以是静态的（标定参数不随时间变化）或动态的（考虑机械臂和摄像头的动态变化）。

对于与视觉相关的机械臂任务，根据视觉传感器不同的安装方式，可以将手眼标定系统分为两种形式，一种是眼在手上（eye-in-hand），即相机安装在机械臂的手腕上，如图 5-3-3（a）所示，另一种是眼在手外（eye-to-hand），即相机固定在机械臂外的位置，如图 5-3-3（b）所示。

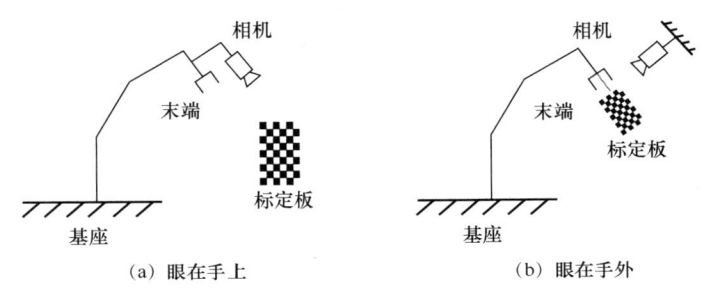

图 5-3-3 手眼标定方式示意图

对于"eye-in-hand"系统，在标定的过程中，相机与机械臂末端一起运动，标定板固定在机械臂外部的某一确定位置，移动机械臂末端测量不同的标定板数据，最后得到相机坐标系与机械臂末端坐标系的转换关系。而对于"eye-to-hand"系统，相机的位置是固定的，标定板与机械臂末端固联在一起，标定过程中标定板随着机械臂末端一起运动，两者的相对位置不变，标定的结果是得到相机坐标系与机械臂基坐标系的坐标变换关系。

针对任务中需要完成的抓取任务，由于抓取环境为固定桌面，所以采用眼在手外的安装方式，其能够获得更稳定的场景信息，视野更广阔，并且手眼位置固定不变，其坐标变换关系只需要提前计算一次，不需要每次抓取前都进行计算，也能减少视觉算法模块的运算负担。

任务小结

通过视觉传感器的加入，结合前面任务机械臂运动学的建模与编程，实现通过机械臂抓取指定位置物料并放置到指定位置的操作，实现机器代替人工的操作。

AccelStepper 参数详解　　MatrixMath 库参数详解　　任务 5.3 教学视频（一）　　任务 5.3 教学视频（二）

项目 6 智能仓储的设计与实施

本项目提取智能仓库的典型功能,如产品出入库信息的读取、仓储信息的显示、产品信息的上传收集等,通过监控智能电表、水表,及时发现仓库用电、用水情况,为仓库有效运行添加"智慧光芒"。通过对各个功能模块的学习,读者可了解智能仓库的基础功能,最终融合实现智能仓库。

➡ 任务 6.1 智能仓库的设计与实施

教学导航

知识目标
- 了解智能仓库物料所需要的信息。
- 掌握 RFID(射频识别)模块向 IC 卡读写信息的功能。
- 掌握 OLED(有机发光显示器)显示模块的信息显示功能。
- 掌握 Wi-Fi 模块进行数据通信。

技能目标
- 能够根据任务要求正确搭建实验电路。
- 能够根据任务要求查阅相关电路图,并搭建测试电路。
- 能够使用高级语言编写程序并完成程序编译及程序下载。
- 具备将 RFID 模块、OLED 模块、Wi-Fi 模块集成至 Arduino 主板的能力,并能进行相应的信息读写、显示、传输的调试。

重点、难点
- RFID 模块读取卡片信息程序的编译及调试。
- OLED 模块的显示输出。
- Wi-Fi 模块进行数据传输。

任务描述、目的及要求

智能仓库根据所使用的场景要求，呈现的形态各不相同。本任务提取智能仓库的典型功能：产品出入库信息的读取、出入库信息的显示输出、产品数据的收集管理、以太网通信、ZigBee（紫蜂协议）通信等。

智能仓库系统总体框架如图 6-1-1 所示，由 Arduino 控制器连接 RFID 读写器，入库和出库操作中，通过 RFID 读写器对附带 IC 卡的商品进行信息的读取。读取的商品信息和其他基础信息通过显示输出模块输出。为了数据在上位机中进行存储和更详细的显示，Arduino 控制器连接数据采集传输模块将数据上传至上位机。

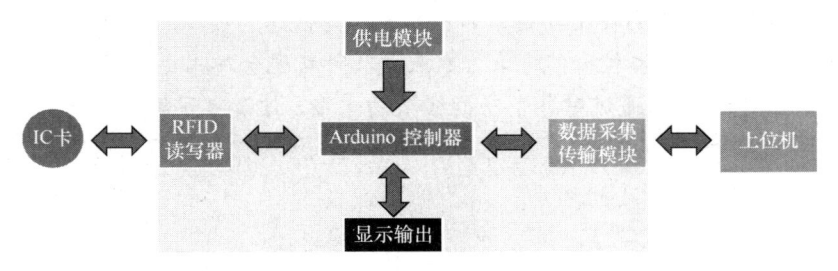

图 6-1-1 智能仓库系统总体框架

电路设计

1. RFID 信息读取

RFID 技术是一种非接触自动识别技术，利用射频信号通过空间耦合（电感或电磁耦合）实现无接触信息传递，并通过所传递的信息达到识别目的。RFID 技术的显著优点在于非接触性，因此完成识别工作时无须人工干预，能够实现识别自动化且不易损坏物体；可识别高速运动物体并可同时识别多个射频标签，操作快捷方便；射频标签不怕油渍、灰尘污染等恶劣的环境。当前，RFID 技术在国内最广泛的应用是射频识别卡（RFID 卡）。

本任务采用集成度较高的 RFID 读写模块 RC522。RC522 是一种非接触式读写卡芯片，底层采用 SPI 模拟时序，可以应用于校园一卡通、水卡充值消费设计、公交卡充值消费设计、门禁卡等。RC522 有两种形式，如图 6-1-2 所示，一种是圆形，另一种为矩形，区别在于其内部线路的排列方式不同。

图 6-1-2 RC522

RFID 读写模块有两个部分，即射频读写器和 IC 卡。射频读写器向 IC 卡发射一组固定频率的电磁波，IC 卡内有一个 LC 串联谐振电路，其频率与射频读写器发射的频率相同，这样在电磁波激励下，LC 串联谐振电路产生共振，从而使电容内有了电荷；在这个电荷的另一端，接有一个单向导通的电子泵，将电容内的电荷送到另一个电容内存储，当所积累的电荷达到 2 V 时，此电容可作为电源为其他电路提供工作电压，将 IC 卡内数据发射出去或接收射频读写器的数据。

非接触性 IC 卡与读卡器之间通过无线电波来完成读写操作。二者之间的通信频率为 13.56 MHz。非接触性 IC 卡本身是无源卡，当读写器对 IC 卡进行读写操作时，读写器发出的信号由两部分叠加组成：一部分是电源信号，该信号由 IC 卡接收后，与本身的 L/C 产生一个瞬间能量来供给芯片工作；另一部分则是指令和数据信号，指挥芯片完成数据的读取、修改、存储等，并返回信号给读写器，完成一次读写操作。

RC522 与 Arduino 主板连接的电路如图 6-1-3 所示，这里需要注意：电压连接在 3.3 V 上，按照实例程序的端口设置，将 9、10 号口连接到 RFID 模块引脚的 RST 和 SDA 引脚上。表 6-1-1 给出 RC522 引脚使用说明，其中用于数据通信的引脚 MISO 与 MOSI 分别连接在 Arduino 主板的 12 和 11 号口上，SCK 连接在 13 号口。为连接方便，实际接线如图 6-1-4 所示。

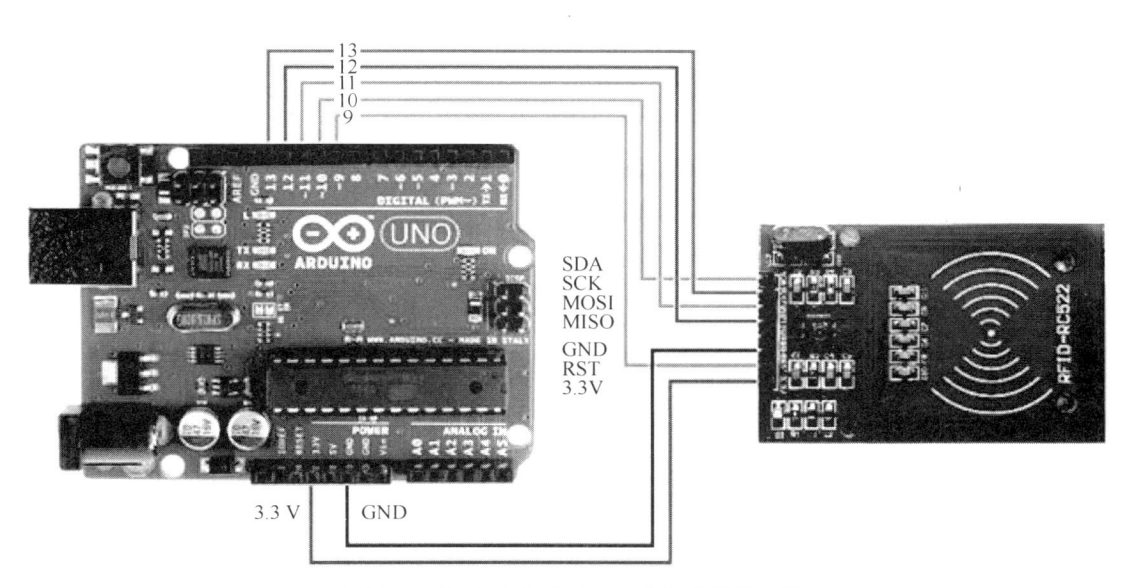

图 6-1-3　RC522 与 Arduino 主板连接的电路

表 6-1-1　RC522 引脚使用说明

引脚名称	3.3 V	RST	GND	IRQ	MISO	MOSI	SCK	SDA
功　能	电源正极	复位引脚，高电平有效	地，电源负极	中断引脚，悬空不使用	SPI 数据线	SPI 数据线	SPI 时钟线	SPI 片选端口

图 6-1-4　RC522 与 Arduino 主板的实际接线

2．显示信息输出

智能仓库在出入库和日常使用时都需要显示产品信息，需要选择合适的信息输出模块。信息显示输出可以采用各类规格的显示模块，如 LED 矩阵、LCD（液晶显示器）等，本任务介绍集成功能较好、显示内容较多的 OLED 技术。

（1）OLED 屏幕。OLED 又称有机发光半导体，是当下非常受欢迎的显示技术。

OLED 显示技术与传统的 LCD 显示方式不同，不需要背光灯，采用非常薄的有机材料涂层和玻璃基板（或柔性有机基板），当有电流通过时，这些有机材料就会发光。

常用的 OLED 有白色显示、蓝色显示和黄蓝双色显示。屏幕的尺寸和内置驱动芯片也多种多样，常用的驱动接口有 SPI 和 I2C 两种。本任务使用的是一款 0.96 寸（1 寸≈3.33 厘米）蓝色 I2C 驱动屏，其内置驱动芯片为 SSD1306。

OLED 具有诸多优点。由于不需要背光灯，其结构更轻更薄，可视角度更大。OLED 能够显著节省耗电量，提高能效。此外，它的色彩丰富、分辨率高、响应速度快、图像稳定。同时，OLED 自身能够发光，因此其视域范围也要宽很多。

OLED 的应用范围广泛。在博物馆和展览中，OLED 可用于展示文物、艺术品、历史信息等，提供沉浸式的观展体验。在建筑和室内设计领域，OLED 可以应用于建筑物的玻璃幕墙、楼梯扶手和室内装饰等，增强建筑的现代感和创意性。此外，OLED 还广泛应用于汽车内部、户外广告牌、舞台和演艺表演等领域。

（2）SSD1306 显存芯片。OLED 本身是没有显存的，SSD1306 显存芯片提供显存。SSD1306 是一款单片 CMOS OLED/PLED 驱动器，其实物图如图 6-1-5 所示。这款芯片专为共阴极 OLED 面板设计，内置对比度控制器、显示 RAM 和振荡器，可以减少外部元件的数量和功耗。其分辨率为 128×64 PPI，适用于许多小型便携式应用，如手机、MP3 播放器和计算器等。

要驱动 SSD1306，可以使用通用并行接口、I2C 接口或 SPI 接口发送数据或命令。此外，该芯片还支持可编程帧速率和多路复用比，具有行映射和列映射功能。其工作温度范围为-40～85℃。

从使用的角度上驱动 OLED 屏幕显示，实际是 Arduino 主板与驱动芯片 SSD1306 通信,让 SSD1306 控制 OLED 点阵显示。SSD1306 相当于一个中介,读者只需要了解 SSD1306 的功能、寄存器、总线、驱动流程等参数或工作方式,根据 SSD1306 的工作方式通信即可。

OLED 模块连接示意图如图 6-1-6 所示。OLED 模块总共有 4 个引脚:电源负极 GND、电源正极 VCC、信号线 SCL 和 SDA。

图 6-1-5　SSD1306 实物图

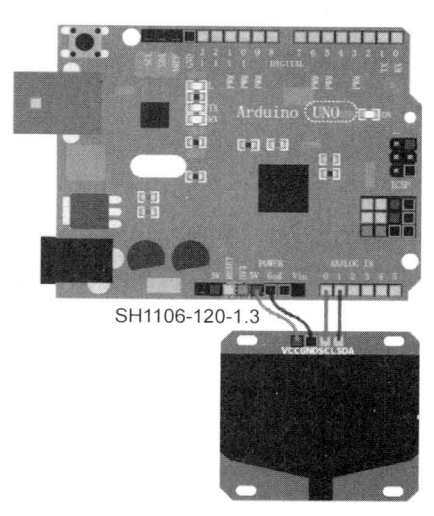

图 6-1-6　OLED 模块连接示意图

OLED 模块的 VCC 和 GND 分别连接开发板的 5 V 和 GND,OLED 模块的 SDA 和 SCL 分别连接开发板的 A4 和 A5。

3．Wi-Fi 模块

智能仓库所采集的产品信息需要上传至上位机进行更高层级的信息显示和数据存储,以实现更方便的应用。有时这些信息不急于处理,可以存储到 SD 卡中,隔一段时间后再导出统一整理,但有时需要无线通信远程控制硬件作出行动。对于无线传输控制硬件,蓝牙和 Wi-Fi 都可以实现,但蓝牙更多应用于连接设备,在传输速度上比 Wi-Fi 慢,若需信息传输,则可以选择 Wi-Fi。本任务采用 ESP8266 Wi-Fi 模块,其实物图如图 6-1-7 所示,下面将介绍 Arduino 如何连接 Wi-Fi 模块。

图 6-1-7　ESP8266 实物图

ESP8266 Wi-Fi 芯片系列由 Espressif Systems 生产，Espressif Systems 是一家在中国上海运营的无晶圆半导体公司。ESP8266 系列目前包括 ESP8266EX 和 ESP8285 芯片。

ESP8266EX（简称 ESP8266）是片上系统（SoC），将 32 位 Tensilica 微控制器、标准数字外设接口、天线开关、功率放大器、低噪声接收放大器、滤波器和电源管理模块集成为一个小的封装。ESP8266 的引脚说明如图 6-1-8 所示，它提供 2.4 GHz Wi-Fi（802.11b/g/n，支持 WPA/WPA2）、通用输入/输出（16GPIO）、内部集成电路（I2C）、模数转换（10-bit ADC）功能、串行外设接口（SPI）、带有 DMA 的 IIS 接口（与 GPIO 共用引脚）、UART（使用专用引脚，外加在 GPIO2 上可以使能纯发送 UART）和 PWM。另外，ESP8266（CP2102）配有 USB 转 TTL 串口（CP2102/CH340）芯片，不用外接下载器，直接通过 USB 线与计算机相连，方便下载固件和调试。

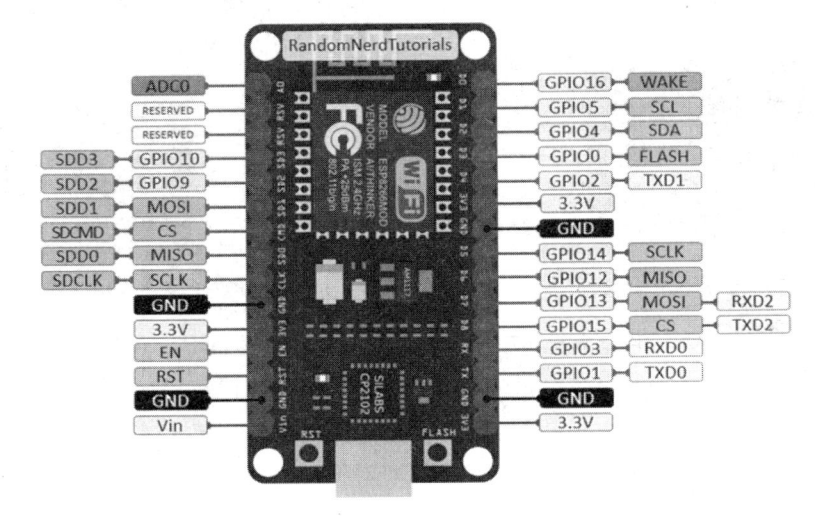

图 6-1-8　ESP8266 的引脚说明

ESP8266 芯片具有以下优点：低成本、低功耗（与其他微控制器相比，ESP8266 的功耗非常低，可以进入深度睡眠模式以降低功耗）。

Wi-Fi 模块与 Arduino 主板的 5 个引脚连接如表 6-1-2 所示。

表 6-1-2　Wi-Fi 模块与 Arduino 主板的 5 个引脚连接

Wi-Fi 模块	3.3 V	EN	GND	TX	RX
Arduino 主板	3.3 V	5 V	GND	8	9

程序设计

基于 RFID 技术的智能仓库系统运用了 C/S（客户机/服务器模式）技术架构，如图 6-1-9 所示。操作系统总体技术框架的主要构成有大数据管理层、消息交换层、技术底层等，硬件包括智能仓库库房、数据库、服务器、读取器等。下面主要讲解和单片机相关的 RFID 模块、OLED 模块、Wi-Fi 模块的使用。

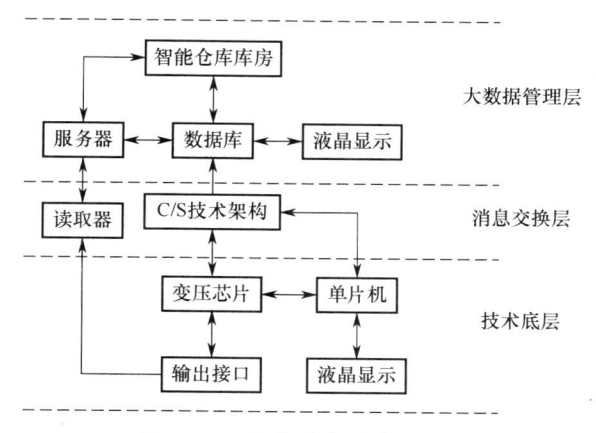

图 6-1-9　智能仓库系统的结构

1. RFID 读取信息

通过加载 SPI.h 和 RFID.h 库文件，即可调用其内部丰富的库函数。

```
#include <SPI.h>
#include <RFID.h>
RFID rfid(10,5);     //D10——读卡器 MOSI 引脚、D5——读卡器 RST 引脚
int led = 9;
int relay=7;
bool state=true;
void setup()
{
  Serial.begin(9600);
  SPI.begin();
  rfid.init();
  pinMode(led, OUTPUT);
  pinMode(relay,OUTPUT);
  digitalWrite(relay,HIGH);
}
void loop()
{
  unsigned char type[MAX_LEN];
  //找卡
  if (rfid.isCard( type)) {
    Serial.println("Find the card!");
    ShowCardType(type);
    //读取卡序列号
    if (rfid.readCardSerial()) {
      Serial.print("The card's number is    : ");
      Serial.print(rfid.serNum[0],HEX);
      Serial.print(rfid.serNum[1],HEX);
      Serial.print(rfid.serNum[2],HEX);
      Serial.print(rfid.serNum[3],HEX);
      Serial.print(rfid.serNum[4],HEX);
```

```
            Serial.println(" ");
            ShowUser(rfid.serNum);
        }
        //选卡，可返回卡容量（锁定卡片，防止多数读取），去掉本行代码将连续读卡
        Serial.println(rfid.selectTag(rfid.serNum));
    }
    rfid.halt();
}
void ShowCardType( unsigned char* type)
{
    Serial.print("Card type: ");
    if(type[0]==0x04&&type[1]==0x00)
        Serial.println("MFOne-S50");
    else if(type[0]==0x02&&type[1]==0x00)
        Serial.println("MFOne-S70");
    else if(type[0]==0x44&&type[1]==0x00)
        Serial.println("MF-UltraLight");
    else if(type[0]==0x08&&type[1]==0x00)
        Serial.println("MF-Pro");
    else if(type[0]==0x44&&type[1]==0x03)
        Serial.println("MF Desire");
    else
        Serial.println("Unknown");
}
void ShowUser( unsigned char* id)
{
    //EE 9B 9C 38 D1
    if( id[0]==0xEE && id[1]==0x9B && id[2]==0x9C && id[3]==0x38 ) {
        Serial.println("Hello Mary!");
        state=RelayStatus(state);
    }
    else if(id[0]==0x24 && id[1]==0x12 && id[2]==0xE0 && id[3]==0x13) {
        Serial.println("Hello MicroHao!");
        state=RelayStatus(state);
    }
    else{
        Serial.println("Hello unkown guy!");
        BlinkLED();

    }
}
bool RelayStatus(bool status)
{
    if(status)
    {
        digitalWrite(led, HIGH);      // 点亮 LED（高电平有效）
```

```
        digitalWrite(relay,LOW);
        return false;
    }
        digitalWrite(led, LOW);       // 熄灭 LED（高电平有效）

        digitalWrite(relay,HIGH);
        return true;
}
void BlinkLED()
{
    digitalWrite(relay,HIGH);
    for(int i=0;i<3;i++)
    {
        digitalWrite(led, HIGH);
        delay(1000);
        digitalWrite(led, LOW);
        delay(1000);
    }
}
```

2. OLED 显示

在连接完显示模块后，录入下面的程序进行 OLED 显示内容的测试，这主要通过调用 U8glib.h 库文件中的 u8g.drawStr（）方法实现。该方法的第一、二个参数表示位置（下列程序从左上方开始显示），第三个参数为显示的内容，大家可以尝试修改，来体验一下区别。

```
#include "U8glib.h"
/*I2C 协议*/
U8GLIB_SSD1306_128X64 u8g(U8G_I2C_OPT_NONE);
void setup()
{
  if ( u8g.getMode() == U8G_MODE_R3G3B2 )
    u8g.setColorIndex(255);         // 白色
  else if ( u8g.getMode() == U8G_MODE_GRAY2BIT )
    u8g.setColorIndex(3);           // 最大强度
  else if ( u8g.getMode() == U8G_MODE_BW )
    u8g.setColorIndex(1);           // 打开显色
  // u8g.setFont(u8g_font_unifont);
  Serial.begin(9600);
  u8g.setFont(u8g_font_6x10);
  u8g.setFontRefHeightExtendedText();
  u8g.setDefaultForegroundColor();
  u8g.setFontPosTop();
}
void loop()
```

```
{
  u8g.firstPage();
  do {
    u8g.drawStr(0,0,"zhinengchangku");
  } while( u8g.nextPage() );
  delay(500);
}
```

3．Wi-Fi 控制

通过加载 SoftwareSerial.h 库文件，调用 SoftwareSerial 的各种方法进行 Wi-Fi 模块的初始化和通信连接。Wi-Fi 模块通过接收手机 App 的控制信号对 OLED 等进行按键功能的控制。

```
#include <SoftwareSerial.h>
#define WIFI_TX         9
#define WIFI_RX         8
#define LED             13
SoftwareSerial wifi(WIFI_RX, WIFI_TX);      //定义 RX 和 TX 引脚
String _comdata_wifi = "";                  //存储 Wi-Fi 传输中的信息
void setup() {
  pinMode(LED,OUTPUT);
  digitalWrite(LED,LOW);
  Serial.begin(9600);
  wifi.begin(115200);
  Serial.println("system is ready!");
  wifi.println("AT+CWMODE=3\r\n");
  delay(500);
  wifi.println("AT+CIPMUX=1\r\n");
  delay(500);
  wifi.println("AT+CIPSERVER=1,5000\r\n");
  delay(500);
}
void loop()
{
  getWifiSerialData();
  if(Serial.available())
  {
      String order = "";
  while (Serial.available())
  {
      char cc = (char)Serial.read();
      order += cc;
      delay(2);
  }
      order.trim();
      wifi.println(order);
  }
```

```
            if(comdata_wifi!="")
        {
            Serial.println(comdata_wifi);
            Serial.println("\r\n");
    if((comdata_wifi[2]=='+')&&(comdata_wifi[3]=='I')&&(comdata_wifi[4]=='P'))//MCU 接收到的数据为
+IPD 时，控制 0/1 来使小灯亮与灭
    {
    if((comdata_wifi[5]=='D')&&(comdata_wifi[8]==','))
    {
    if(comdata_wifi[11]=='0')
    {
            digitalWrite(LED,LOW);              //0 灯灭
            Serial.println("灯灭");
    wifi.println("灯灭");                       //Wi-Fi 模块向 PC 端或手机端发送"灯灭"
    }
        else if (comdata_wifi[11]=='1')
    {
            digitalWrite(LED,HIGH);             //1 灯亮
            wifi.println("灯亮");
            Serial.println("灯亮");             //Wi-Fi 模块向 PC 端或手机端发送"灯亮"
            }
        }
        }
        comdata_wifi = String("");
    }
}
void getWifiSerialData()
{
    while (wifi.available() > 0)
    {
        comdata_wifi += char(wifi.read());      //获得 Wi-Fi 数据
        delay(4);
    }
}
```

任务的调试运行

（1）准备好所需的硬件组件，包括 Arduino 主板、RFID 模块、OLED 模块、Wi-Fi 模块等，根据电路图连接硬件电路。

（2）创建一个合适的测试环境，将 3 个模块相应的功能程序分别录入 Arduino 硬件中。

（3）单独测试每个硬件模块，确保它们正常工作。例如，RFID 的信息读取、OLED 内容显示、Wi-Fi 模块和手机 App 的通信测试。

（4）完成所有调试后，尝试进行系统整合、测试，将 3 个功能整合至一个系统进行综合测试。

知识点

6.1.1 RFID 通信 IC 卡

RFID 卡也被称作非接触式 IC 卡或非接触 IC 卡、非接触卡、感应卡，诞生于 20 世纪 90 年代初。由于成功地结合 RFID 技术和 IC 卡技术，解决了无源（卡内无电池）和免接触的难题，RFID 卡拥有磁卡和接触式 IC 卡不可比拟的优点。其一问世便立即引起广泛关注，并以惊人的速度得到推广应用。RFID 卡由 IC 芯片、感应天线组成，完全密封在一个标准 PVC（聚氯乙烯）卡片中，无外露部分。

与接触式 IC 卡相比，RFID 卡具有以下优点。

（1）高可靠性：由于无触点，避免了由接触读写而产生的各种故障。提高了抗静电和环境污染（如油烟、灰尘、水汽等）的能力，因此提高了使用的可靠性、读写设备和卡片的使用寿命。

（2）易用性：操作方便、快捷，不需要插拔卡，完成一次操作只需 0.1～0.3 秒。使用时，卡片可以任意方向掠过读写设备表面。

（3）高安全性：序列号是全球唯一的，出厂后不可更改。RFID 卡与读写设备之间采用双向互认验证机制，即读写器验证 RFID 卡的合法性，同时 RFID 卡验证读写器的合法性。通信过程中所有的数据都加密。卡片上不同分区的数据可用不同的密码和访问条件进行保护。

（4）高抗干扰性：对有防冲突电路的 RFID 卡，在多卡同时进入读写范围内时，读写设备可一一对卡进行处理，抗干扰性高。

（5）一卡多用：卡片上的数据分区管理，可以很方便地实现一卡多用、一卡通。

（6）多种工作距离：作用距离从几厘米到几米，适应不同的应用场合。

6.1.2 ZigBee 通信简介

智能仓库的数据信息采集除了采用 Wi-Fi 模块，还可以采用 ZigBee 技术。

ZigBee 是一种短距离无线通信技术，专为低功耗、低成本、低数据速率的无线连接设计。它基于 IEEE 802.15.4 标准，支持在 2.4 GHz、868 MHz 和 915 MHz 频段上进行通信，具有低功耗、低成本、自组网能力、大规模网络支持等特点。ZigBee 技术适用于智能家居、工业控制、医疗保健、智能农业等领域，通过无线电波以接力的方式传输数据，实现高效的数据通信。

低功耗：ZigBee 协议拥有非常低的功耗，适合由电池供电的应用。

自组网能力：ZigBee 设备可以自动形成和修复网络，无须人工设置，能够自动找到可连接的设备并形成网络。

大规模网络支持：ZigBee 支持构建包含大量设备的复杂网络，适合智能家居等场景中的设备控制。

简单的通信协议：相比于 Wi-Fi 或蓝牙，ZigBee 的通信协议相对简单，因此在相同的硬件条件下，实现 ZigBee 的成本更低。

ZigBee 技术的命名灵感来源于蜜蜂的交流方式（通过 Z 字形飞行传递信息），象征着 ZigBee 技术在无线通信中的高效和可靠。此外，ZiBee 网络主要是为工业现场自动化控制数据传输而建立，具有简单、使用方便、工作可靠、价格低等特点

6.1.3 显存芯片 SSD1306

OLED 模块的驱动芯片种类繁多，下面介绍一些常见的驱动芯片。

SSD1306：常用于分辨率为 128×64 和 128×32 的 OLED，具有低功耗、支持 SPI 和 I2C 接口等特点。

SSD1351：适用于彩色 OLED，支持高分辨率显示，具有 SPI 接口和高速刷新率。

SH1106：常用于分辨率为 128×64 和 128×32 的 OLED，支持 SPI 和 I2C 接口，具有低功耗、高对比度等特点。

UC1701：应用于分辨率为 128×64 和 128×32 的 OLED，具有低功耗，支持 SPI 和 I2C 接口以及图形显示功能。

ST7735：适用于彩色 OLED，支持 SPI 接口，具有高分辨率和快速刷新率。

SH1107：用于分辨率为 128×64 和 128×32 的 OLED，具有 SPI 和 I2C 接口以及高对比度。

本项目中 OLED 模块的驱动芯片为 SSD1306，其显存 RAM 大小总共为 12 864 bit，SSD1306 将这些显存分为了 8 页。

可以这样理解 OLED 的显存分布情况：水平方向分布了 128 个像素点，垂直方向分布了 64 个像素点。而驱动芯片在点亮像素点的时候，是以 8 个像素点为单位的。我们在画点的时候，y 的取值为 0~7，x 的取值为 0~127。芯片设计者为了方便将同一列的 8 个点阵编成一组，用一个 8 bit 数表示，这样的 8 行 128 个数被称为 1 页，一共 8 页，每页包含 128 字节。SSD1306 显存的每页包含了 128 字节，总共 8 页，这样刚好是 128×64 的点阵大小。图 6-1-10 就是像素点与显存的对应关系。

左上角：128×64 bit 像素的点阵显示屏，以左上角为原点，向右为 x 正轴（0~127），向下为 y 正轴（0~63）。

左下角：128×8 Byte 的 GDDRAM，x 轴与点阵显示屏一样，y 轴有所不同，8 位一组分为一页，范围为 PAGE0~PAGE7，共 8 页。每传输一字节数据，将其展开，纵向排列（LSB 在上，MSB 在下），一位控制一个像素点。

每写完一字节数据后，内部的地址指针自动向右移动一个单位。当写到页的最后一字节时，地址指针默认回到页的起始位置，也可以通过配置寻址模式实现自动换页，换到下一页的开头。

如果想要实现 y 坐标的任意指定，则需要读取 GGDRAM，但串行传输只允许写数据，因此需要在程序中定义缓存数组 Q 来实现：先读写缓存数组，最后一起更新到屏幕的 GDDRAM 中。通过显存芯片 SSD1306 的数据处理，Arduino 核心就可以很方便地输出想要显示的内容。

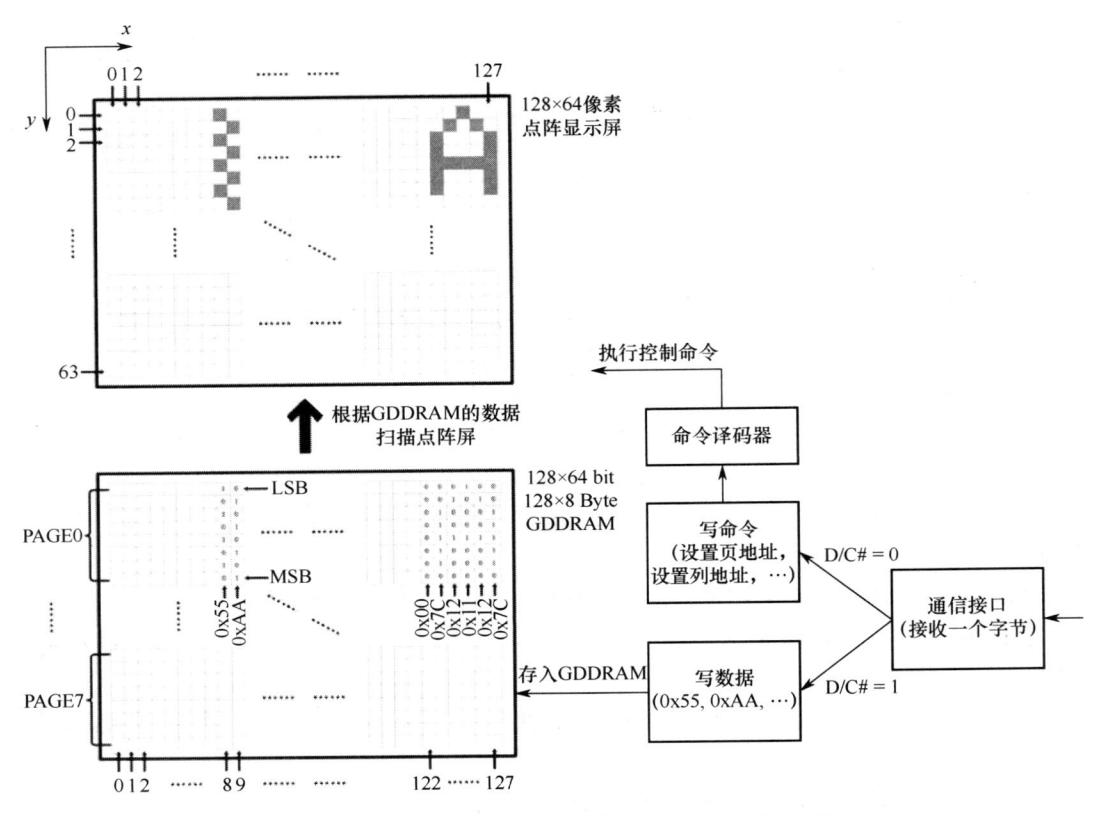

图 6-1-10　SSD1306 驱动芯片驱动 OLED 显示原理

任务小结

本次项目中简化了整体设计，方便大家进行学习。智能仓库是一个系统工程，涉及多个学科和技术的融合。通过精心规划和实施，智能仓库能够显著提升仓储效率、降低运营成本，并为企业创造更高的价值。

扫描二维码观看本任务教学视频。

任务 6.1 教学视频

任务 6.2　智能水表的设计与实施

本任务使用 Arduino 设计一个智能水表，该智能水表用于进行水的流量检测和开关水泵电机。这种智能水表不仅可以帮助家庭或企业节约用水,还可以监测用水量的情况,及时发现异常用水,让水资源管理更加智能化。

教学导航

知识目标
- 了解智能水表所需要的各类硬件信息。
- 熟悉流量传感器的工作方式。
- 熟悉信息显示所需的显示模块。
- 掌握智能水表各功能模块的程序编写。

技能目标
- 能够根据任务要求正确搭建实验电路。
- 能够使用 LCD1602 进行信息显示输出。
- 能够通过按键或矩阵键盘采集用户输入。

重点、难点
- 流量传感器数据的读取。
- 继电器控制水泵电机的电路设计。

任务描述、目的及要求

日常生活中,资源的消耗,尤其是水资源的消耗,是一个不可或缺的部分。水不仅是生命的来源,还是许多工业和家庭活动的基础。因此,准确地测量和监控水的使用量变得至关重要。但是,如何准确、有效且实时地测量和控制用水量呢?

智能水表根据所使用的场景要求,可以概括为如图 6-2-1 所示的系统总体架构,包括按键输入、显示输出、电源供电、Arduino 控制器,以及流量传感器(对水流量的检测输入)和水泵电机(对水流的控制输出)。

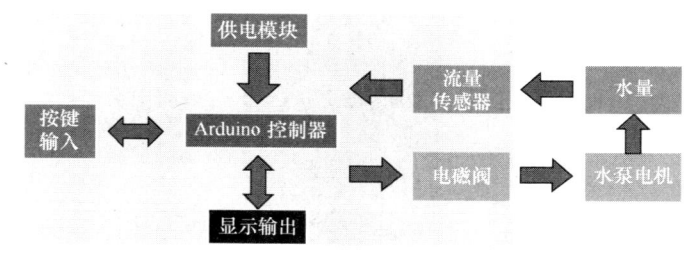

图 6-2-1 系统总体架构

电路设计

如图 6-2-2 所示的智能水表系统由两部分组成。一部分是水表的电子单元,由 Arduino 单片机及其外围电路组成,包括电源管理、流量检测电路、电机驱动电路、LCD 显示电路和 CPU 卡接口电路。另一部分是机械单元，即机械旋翼式水表。系统通过机械旋翼式水表，将水量转换为脉冲信号，实现对用户用水量的计数。系统也可以通过显示器 LCD1602 显示当前的水流信息。用户通过键盘可以输入设定的流量值，启动系统后控制电磁阀开关启动水泵抽取水进入容器，达到设定的流量值时，关闭水泵。这样，就完成了一次水的抽取装瓶操作。

图 6-2-2　智能水表系统

1. Arduino Nano

Arduino 系列开发板按开发需要，有多种板型可供选择。下面介绍 Nano，如图 6-2-3 所示。Uno 和 Nano 控制芯片都使用 ATmega328P，不同的是芯片封装：Uno 是 DIP28 封装、Nano 是 TQFP32 封装（Nano 比 Uno 多了 4 个引脚）。

多出来的 4 个引脚分别是 VCC、GND、ADC6、ADC7。

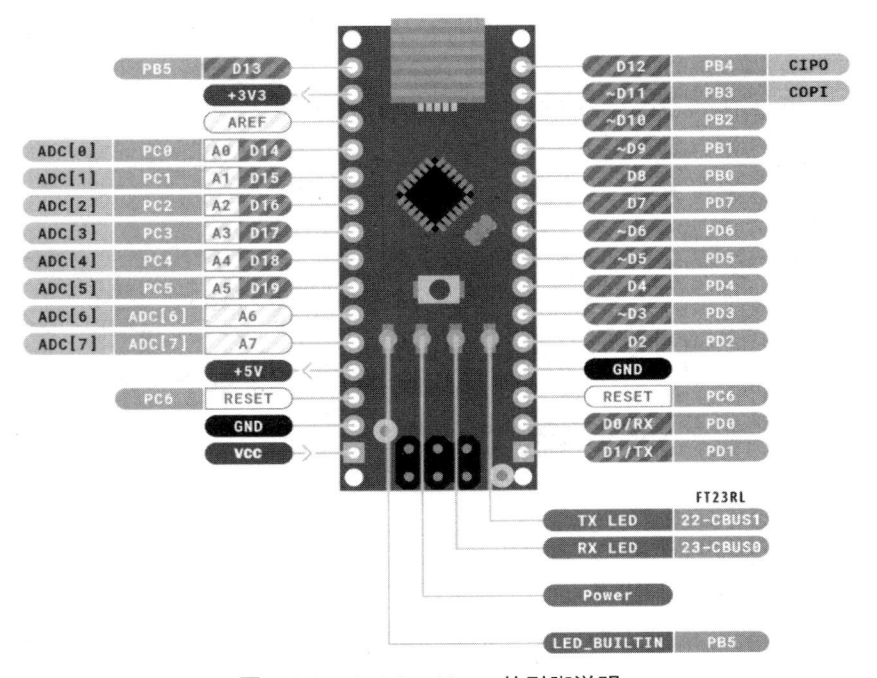

图 6-2-3　Arduino Nano 的引脚说明

表 6-2-1 列举了 Arduino Nano 控制器的规格信息。

表 6-2-1 Arduino Nano 控制器的规格信息

微控制器	ATmega328P（Nano 3.0）
架构	AVR
工作电压	5 V
Flash	32 KB（2 KB 用于 bootloader）
SRAM	2 KB
时钟频率	16 MHz
模拟输入引脚	8
EEPROM	1 KB
I/O 引脚输出电流	40 mA
输入电压	7~12 V
数字引脚	22（6 个支持 PWM）
功耗	19 mA
PCB 规格	18 mm×45 mm
重量	7 g

程序兼容性：Nano 因为控制器和 Uno 一样，经常会被认为是 Uno 的缩小版（比 Uno 少了一个 DC 插座），但 Uno 的程序不一定在 Nano 上面也能正常运行（小部分程序可以兼容 Uno 和 Nano）。

2．流量传感器

体积是衡量资源消耗的常见方法，对于水、气体甚至电，我们通常使用特定的仪表来测量瞬时流量或随时间的累积体积。

流量传感器主要由塑料阀体、水流转子组件和霍尔传感器组成。其可以装在进水端，用于检测进水流量，当水通过水流转子组件时，磁性转子转动并且转速随着流量变化而变化，霍尔传感器输出相应脉冲信号，反馈给控制器，由控制器判断水流量的大小，进行调控。该模块以霍尔传感器为核心器件，每流经 1L 水就会产生固定的脉冲，有两种型号：YF-S201（4 分 G1/2 螺纹接口）、YF-S401（6 mm 软管接口）。型号不同的流量传感器对于每升水流量产生的脉冲数不同。

本项目采用一款型号为 YF-S201 的流量传感器，其实物图如图 6-2-4 所示。

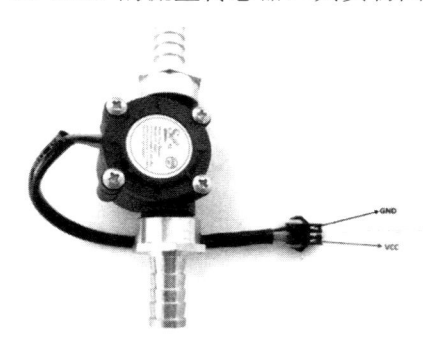

图 6-2-4　YF-S201 型流量传感器实物图

YF-S201 型流量传感器的 3 个引脚的功能：VCC（红）接正极 5V；GND（黑）为负极，接地；OUT（黄）为信号输出。

3. 继电器

继电器是一种电控制的开关器件，用一个小电流（低电压）去控制一个大电流（高电压）的开与关。图 6-2-5 为型号 SRD-12VDC-SL-C 的小型继电器实物图。它的控制侧电压为 12 V 低压，被控侧可以是交流 250 V、10 A，也可以是直流 30 V、10 A 的较高电压、较大电流。典型的继电器结构原理图如图 6-2-6 所示。继电器有一个输入回路（一般接低压电源）和一个输出回路（一般接高压电源）。输入回路中有一个电磁铁，当输入回路有电流通过时，电磁铁产生磁力，吸力使输出回路的触点接通，则输出回路导电（通）。

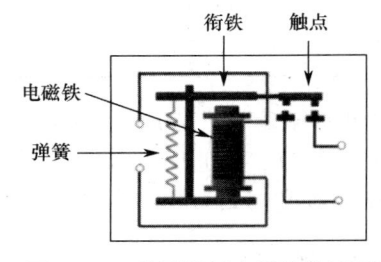

图 6-2-5　小型继电器实物图　　图 6-2-6　典型的继电器结构原理图

当输入回路无电流通过时，电磁铁失去磁力，输出回路的触点弹回原位，断开，则输出回路断电（断），输入回路与输出回路没有接线关系，因此继电器具有隔离功能。

按继电器的工作原理或结构特征，继电器分为电磁继电器、固体继电器、光继电器等几类。

作为控制元件，概括起来，继电器有以下几种作用。

（1）扩大控制范围：例如，多触点继电器控制信号达到某一定值时，可以按触点组的不同形式，同时换接、开断、接通多路电路。

（2）放大：例如，灵敏型继电器、中间继电器等，用一个很微小的控制量，可以控制很大功率的电路。

（3）综合信号：例如，当多个控制信号按规定的形式输入多绕组继电器时，经过比较综合，达到预定的控制效果。

（4）自动、遥控、监测：例如，自动装置上的继电器与其他电器一起，可以组成程序控制线路，从而实现自动化运行。

在本任务中，通过 Arduino 主板向继电器输出控制信号，从而接通主回路中的水泵电机，达到抽水控制的目的。

4. 水泵电机

本任务使用的微型水泵电机也叫抽水电机，其实物图如图 6-2-7 所示，它是 12V 直流水泵电机 700 L/h 无刷磁力潜水泵，具备一进一出的抽水口、排水口各一个，并且在进口处能够持续形成真空或负压；在排水口处形成较大输出压力；工作介质为水或液体；体积较小。

图 6-2-7 12 V 水泵电机实物图

水泵电机主要用于水处理、环保、医疗、工业控制、科研实验室等，需要满足体积小、噪声低、功耗低等需求，可以广泛用于水循环、冷却、提升、转移、增压、喷雾、喷洒、水循环、输送等用途。

在本任务中，直流水泵电机的红线接电源正极，黑线接电源负极，红线中途接入继电器输出回路的两端，通过继电器的接通与否控制电机的供电，从而控制电机的启动与停止。

5. 显示模块 LCD1602

LCD 的特点是利用点阵来显示字符，比如英文字母、阿拉伯数字、简单的汉字和一般性符号。因为每个字节的点阵数太少，所以复杂的汉字很难显示清晰。

任务 6.1 使用 OLED 模块作为显示输出，本任务使用 LCD1602，其实物图如图 6-2-8 所示。它是广泛使用的一种字符型液晶显示模块，是由字符型液晶显示屏（LCD）、控制驱动主电路 HD44780 及其扩展驱动电路 HD44100，以及少量电阻、电容元件和结构件等装配在 PCB 上而组成的。不同厂家生产的 LCD1602 芯片可能有所不同。为方便使用和减少引脚占用，本任务采用集成了 I2C 接口模块的 LCD1602，如图 6-2-9 所示。该模块的 4 个引脚分别为 GND（地线）、VCC（电源，5 V 和 3.3 V 电源不同，显示效果有点差别）、SDA（I2C 数据线）、SCL（I2C 时钟线）。

图 6-2-8 LCD1602 实物图    图 6-2-9 集成了 I2C 接口模块的 LCD1602

4 个引脚与 Arduino Nano 主板引脚的连接如下：GND 连接 GND 接地线，VCC 接 5 V 电源，SDA 接 A4 引脚，SCL 接 A5 引脚。

Arduino 单片机实战

程序设计

如图 6-2-10 所示,智能水表的程序流程设计主要分为两个部分,第一部分为矩阵键盘的设定值输入和启动键的检测,并根据键盘输入更改输出信息的显示。第二部分为启动后的整个抽水过程,控制继电器的吸合去控制水泵电机主回路,在传感器检测的流量数据达到设定值后,关闭水泵电机。

1. 显示输出

显示输出部分调用 LiquidCrystal_I2C.h 文件中的方法。通过 lcd.setCursor()设定显示的位置,通过 lcd.print()来输出 LCD 要显示的内容。代码如下。

```
#include <Wire.h>
#include <LiquidCrystal_I2C.h> //LCD1602 驱动
void setup(){
lcd.init(); // 初始化 LCD
lcd.backlight(); //设置 LCD 背景等亮
lcd.begin(16, 2);
lcd.setCursor(0,0);            //设置显示指针
lcd.print("Filled    ");       //输出字符到 LCD1602 上
lcd.setCursor(10, 1);
lcd.print("0ml    ");
}
```

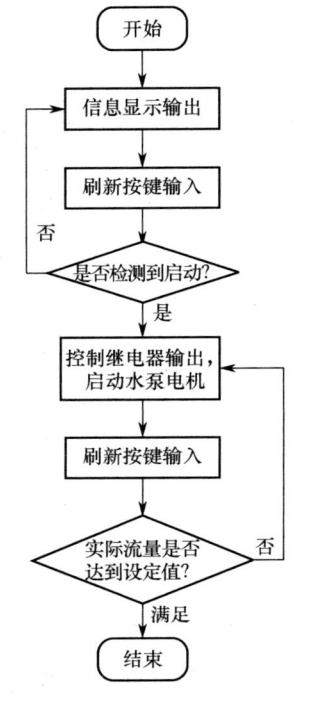

图 6-2-10 智能水表的程序流程图

2. 矩阵键盘输入

矩阵键盘的按键输入通过二维数组 keys[][]存储键盘信息。将检测到的按下键值信息进行判断比较,下面的程序代码展示按键 1 和 2 被按下的检测逻辑。

```
#include <Keypad.h>
const byte ROWS = 4; //4 行
const byte COLS = 4; //3 列
char keys[ROWS][COLS] = {
   {'1', '2', '3'},
   {'4', '5', '6'},
   {'7', '8', '9'},
   {'*', '0', '#'}
};
char key = keypad.getKey();
   if ((key) && (c < 4))
      if (key == '1') //如果键 1 被按下
      {
        if (Number == 0)
           Number = 1;
        else
           Number = (Number * 10) + 1; //按下两次
```

    }
    if (key == '2') //按键2被按下
    {
        if (Number == 0)
            Number = 2;
        else
            Number = (Number * 10) + 2; //按下两次
    }

3. 启动后的控制

```
if (digitalRead(startt) == HIGH)    //检测到按下启动键
{
    float filled = 0;
    float cal = 0;
    counter = 0;
    lcd.setCursor(10, 1);
    lcd.print(counter);
    lcd.print("ml    ");
    delay(250);
    lcd.setCursor(0, 1);
    lcd.print("Filling ");
    while (1)
    {
        digitalWrite(pump, HIGH);//控制水泵电机启动
        if (!digitalRead(sensor_pulse) && state)
        {
            counter++;
            state = false;
        }
        if (digitalRead(sensor_pulse)) //传感器检测
        {
            state = true;
        }
        int val = Number;
        long val_t = map(val, 0, 9999, 50000, 110000);
        float f_val = val_t * 0.00001;
        cal = Number * f_val, 0;
        filled = counter / f_val, 0;
        lcd.setCursor(10, 1);//显示输出
        lcd.print(filled, 0);
        lcd.print("ml");
        if (counter >= cal)//判断是否达到设定值
            break;
    }
    digitalWrite(pump, LOW);//关闭水泵
    delay(30);
```

```
        lcd.setCursor(0, 1);
        lcd.print("Filled    ");//显示输出 Filled
    }
}
```

任务的调试运行

(1) 准备好所需的硬件组件,包括主控板 Arduino Nano(或者 Arduino Uno)、矩阵键盘、LCD 模块、流量传感器模块等,根据电路图连接硬件电路。
(2) 将完整的智能水表功能程序录入 Arduino 硬件中。
(3) 将连接了水泵电机的水管两头分别插入水瓶子中,通过按键设定需要抽水的水量,按下启动键。
(4) 查看水泵电机启动状态和 LCD1602 显示的已抽取流量。
(5) 检测抽取量达到设定值后,水泵电机是否正常停止。

知识点

下面介绍 LCD 显示原理。

点阵式 LCD 由 $M×N$ 个显示单元组成,假设 LCD 显示屏有 64 行,每行有 128 列,每 8 列对应 1 字节的 8 位,即每行由 16 字节共 $16×8=128$ 个点组成。显示屏上 $64×16$ 个显示单元与显示 RAM 区的 1024 字节相对应,每一字节的内容与显示屏上相应位置的亮暗对应。例如,显示屏第一行的亮暗由 RAM 区的 000H~00FH 的 16 字节的内容决定,当 (000H)=FFH 时,屏幕左上角显示一条短亮线,长度为 8 个点;当 (3FFH)=FFH 时,屏幕右下角显示一条短亮线;当 (000H)=FFH,(001H)=00H,(002H)=00H,…,(00EH)=00H,(00FH)=00H 时,在屏幕的顶部显示一条由 8 条亮线和 8 条暗线组成的虚线。这就是 LCD 显示的基本原理。

字符型液晶显示模块是一种专门用于显示字母、数字和符号等的点阵式 LCD,常用 16×1、16×2、20×2 和 40×2 等的模块。点阵式 LCD 的内部控制器大部分为 HD44780,能够显示英文字母、阿拉伯数字、日文片假名和一般性符号。

LCD1602 与 Arduino 等单片机的连接有两种方式,一种是直接控制方式,另一种是所谓的间接控制方式。它们的区别只是所用数据线的数量不同,其他都一样。

1. 直接控制方式

LCD1602 的 8 根数据线和 3 根控制线 E、RS 和 R/W 与单片机相连后即可正常工作。一般应用中只须往 LCD1602 中写入命令和数据,因此,可将 LCD1602 的 R/W(读/写选择控制端)直接接地,这样可节省 1 根数据线。VO 引脚通过电压调节来改变液晶屏对比度。

2. 间接控制方式

间接控制方式也被称为四线制工作方式,是利用 HD44780 所具有的 4 位数据总线的功能，将电路接口简化的一种方式。为了减少接线数量，只采用引脚 DB4~DB7 与单片机进行通信，先传数据或命令的高 4 位，再传低 4 位。采用四线并口通信，可以减少对微控制器 I/O 的需求，当设计产品过程中单片机的 I/O 资源紧张时，可以考虑使用此方法。本任务采用间接控制方式。

任务小结

本任务的智能水表能够记录用水量，也能够通过控制水泵电机来实现水量的准确抽取。这种水表可以用来监测家庭或商业场所的用水情况，实现智能化管理。也可以通过添加 IC 卡或 Wi-Fi 模块拓展智能水表的功能。另外，可以通过 LoRa 或 NB-IoT 通信实现对远程水表的数据采集，这里就不展开讨论，有兴趣的读者可以搜索相关内容作进一步拓展。

数据记录与分析：可以将用水量记录到 SD 卡上或云端进行分析，也可以使用 RFID 卡实现水费充值（同任务 6.1），作为智能楼宇或宿舍管理水费工具。

智能报警：可以设置阈值，当用水量异常时发出警报。

远程监控：使用网页或手机 App 实时监控用水情况。

扫描二维码观看本任务教学视频。

任务 6.2 教学视频

项目 7 农业智能灌溉与监控系统的设计与实施

随着社会的发展，人们对农业现代化和智能化的要求越来越高，本项目实现农业滴水灌溉智能化，有效节约水资源，利用无人机实现对农田管理和果蔬生长的智能监控。

任务 7.1 农业智能灌溉系统的设计与实施

教学导航

知识目标
- 掌握各种无线传感网络的优缺点，并根据工况选择合理的组网方案。
- 掌握单片机数据采集、处理与传输的基本方法。

技能目标
- 能够根据任务要求正确选择组网方案。
- 掌握数据采集、处理与传输的基本方法。
- 理解各种通信协议的含义，能组建和调试物联网。

重点、难点
- 各种无线传感网络的优缺点，根据工况选择合理的组网方案。
- 单片机数据采集、处理与传输的基本方法。

任务描述、目的及要求

中国是农业大国，每年农业用水量占全国用水量的一半以上，因此有效节约水资源应重点关注农业用水，提高农业水资源利用率。农田滴灌系统根据控制方式不同，可以分为3类：手动控制、半自动控制和全自动控制。手动控制系统的成本低，系统中的设备（如水泵、阀门等）启停均由人工控制，便于使用和维护，但是劳动成本高，不适用于大面积的灌溉，而且农田的灌溉时间和灌溉时长由滴灌系统控制人员决定，灌溉随意性较大。半自动控制系统中水泵、阀门等设备的启停由预先设置的灌溉程序通过控制器进行管理，控制农田的灌溉时间和灌溉时长。相较于人工控制，半自动控制有一定的先进性，可以减少劳动力，提高灌溉的科学性。但是半自动控制系统的灌溉程序是根据灌溉人员的经验进行编写的，控制程序死板，且无法针对变化的农田环境改变灌溉模式，即无法做到精准灌溉。全自动控制系统中水泵、阀门等设备的启停由运算能力强大的计算机进行管理。在灌区安装有传感器，计算机综合处理判断传感器采集的田间环境信息，对农田的灌溉时间和灌溉时长进行智能化控制，能够做到精准灌溉、智能灌溉和科学灌溉。本任务采用滴灌实施农产品灌溉，采用物联网技术实施智能灌溉，节省人力成本，提高生产效率。

电路设计

物联网在农业中应用实际上就是将传统的农业生产及管理进行信息化的、精准的指导及服务，彻底摆脱传统的依靠经验和感觉的生产管理方式。基于物联网的农田滴灌系统采用物联网体系经典 3 层架构，依次是感知层、网络层和应用层。农田滴灌系统构建有以下 3 种方案。

1. 基于 ZigBee 无线传感网络的农田滴灌系统构建

基于 ZigBee 无线传感网络的农田滴灌系统的感知层由 ZigBee 感知节点和 ZigBee 汇聚节点（物联网网关）组成；网络层由监控计算机、Internet 以及监控中心数据平台组成；应用层是以用户终端为载体的应用软件，其中用户终端包括移动手机端和 PC 端，如图 7-1-1 所示。其区别于另外两种控制方案的是，其选用 ZigBee 技术作为感知层感知节点和汇聚节点的通信方式。

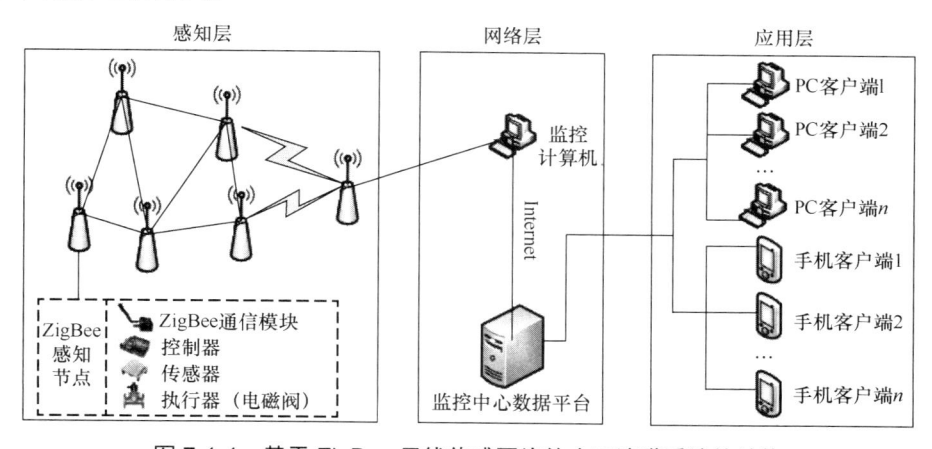

图 7-1-1 基于 ZigBee 无线传感网络的农田滴灌系统的结构

这种系统通过 ZigBee 感知节点采集农田环境、执行器状态信息，通过多跳路由方式将采集信息发送至 ZigBee 汇聚节点，汇聚节点以有线方式发送信息至可以连接 Internet 的监控计算机，监控计算机将采集信息通过 Internet 发送至监控中心数据平台进行存储。用户使用手机或计算机通过网络访问监控中心数据平台，获取田间环境、执行器状态信息，远程控制田间执行器动作。

基于 ZigBee 无线传感网络的农田滴灌系统，具有低功耗、组网灵活的优点，适用于太阳能滴灌系统，但 ZigBee 汇聚节点需通过有线方式与监控计算机相连，而 ZigBee 通信距离范围是 1~3 km，因此需要在农田现场安装有可上网的监控计算机，而农田通常处于较偏远地区，监控计算机联网成本高昂。因此，本任务不选用此监控设计方案。

2. 基于 GPRS 远程广域网络的农田滴灌系统

基于 GPRS 远程广域网络的农田滴灌系统，其感知层由终端节点组成；网络层由移动通信网、Internet 以及监控中心数据平台组成；应用层是以用户终端为载体的应用软件，其中用户终端包括移动手机端和 PC 端，如图 7-1-2 所示。其区别于另外两种控制方案的是，其选用 GPRS（通用分组无线服务）作为感知层终端节点通信模块，直接与网络层移动通信网进行通信。

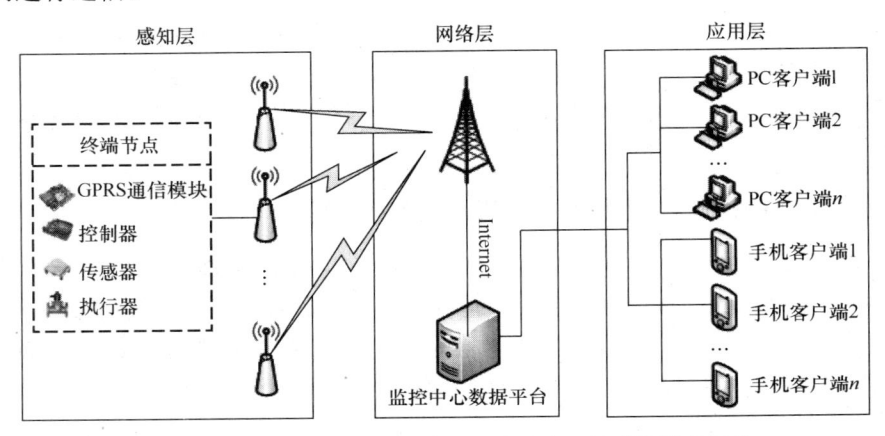

图 7-1-2 基于 GPRS 远程广域网络的农田滴灌系统的结构

系统通过终端节点采集农田环境、执行器状态信息，利用 GPRS 通信模块通过移动通信网将采集信息发送至基站，基站将采集信息通过 Internet 发送至监控中心数据平台进行存储。用户使用手机或者计算机通过 Internet 访问监控中心数据平台，获取田间环境、执行器状态信息，远程控制田间执行器动作。

基于 GPRS 远程广域网络的农田滴灌系统，其终端节点通过 GPRS 通信模块可以实现农田无线监控，但需要对每个终端节点安装 GPRS 通信模块，耗能高且成本高昂，不适用于太阳能农田滴灌控制系统，且由于农田具有多个终端节点，而终端节点发送采集信息时会占用通信信道，当多个终端节点同时请求占用通信信道时会造成信道阻塞，所以本任务不选用此监控设计方案。

3. 基于 ZigBee 与 GPRS 结合的农田滴灌系统

基于 ZigBee 与 GPRS 结合的农田滴灌系统，其感知层由 ZigBee 感知节点和物联网网关组成；网络层由移动通信网、Internet 以及监控中心数据平台组成；应用层是以用户终端为载体的应用软件，其中用户终端包括移动手机端和 PC 端，如图 7-1-3 所示。其区别于另外两种控制方案的是，其选用 ZigBee 作为感知层感知节点通信模块，选用具有 ZigBee 以及 GPRS 通信能力的汇聚节点作为物联网网关实现远程通信。

系统通过 ZigBee 感知节点采集农田环境、执行器状态信息，通过多跳路由方式将采集信息发送至汇聚节点，汇聚节点通过 GPRS 模块将采集信息发送至基站，基站将采集信息通过 Internet 发送至监控中心数据平台进行存储。用户使用手机或计算机通过网络访问监控中心数据平台,获取田间环境、执行器状态信息,远程控制执行器动作。

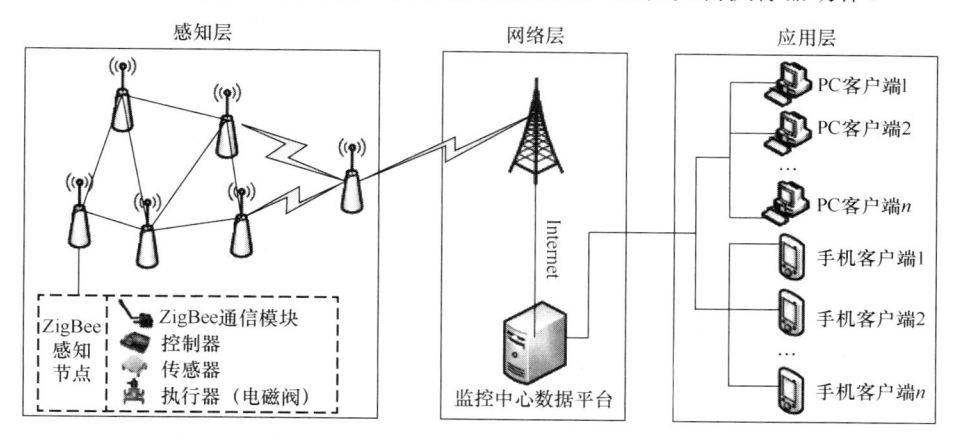

图 7-1-3 基于 ZigBee 与 GPRS 结合的农田滴灌系统的结构

基于 ZigBee 与 GPRS 结合的农田滴灌系统,利用汇聚节点和 ZigBee 感知节点组建 ZigBee 传感网络,形成现场局域网,然后通过 GPRS 通信模块将现场局域网与远程广域网相结合,依托各种通信网络进行可靠的信息交互和共享,在后台数据库利用各种智能计算技术对采集数据进行存储、分析和处理,为智能化管理提供依据。此控制方案形成的现场局域网具有功耗低、组网灵活、网络可靠性高等特点,且汇聚节点借助 GPRS 通信模块可实现感知数据的可靠传输,系统结构合理,成本低廉,适用于太阳能农田滴灌监控系统,因此选用此方案作为太阳能农田滴灌远程监控系统的总体设计方案。

4. 物联网网关设计

网关在物联网中的主要作用是作为传感网络与 Internet 的桥梁。网关负责对传感网络和感知节点进行管理,接收传感网络传输的感知数据,以及对网络中多种协议进行识别、转换。其工作流程为,传感网络将采集到的感知数据发送到网关,网关对数据进行解析,再重新封装成数据包发送到网络层,接入移动通信网络。用户可以通过监控中心数据平台远程发送控制命令到网关,经网关识别命令后对相关感知节点执行器进行管理控制。网关的工作原理如图 7-1-4 所示。

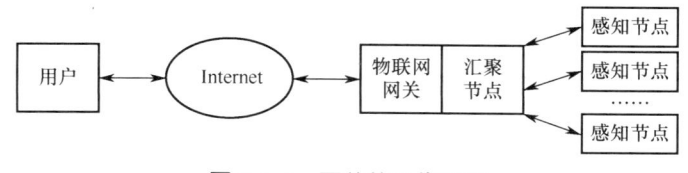

图 7-1-4 网关的工作原理

程序设计

农田滴灌系统的程序设计由感知节点软件设计、汇聚节点软件设计、服务器端软件设计和客户端软件设计组成。它们的关系如图 7-1-5 所示。监控软件作为客户端程序,负责显示农田环境参数、显示农田灌溉记录以及农田设施管理。服务器端程序负责对感知层采集的数据进行存储和处理。汇聚节点负责组建农田现场感知层的无线传感网络和向服务器传输数据。感知节点负责采集、传输农田环境参数和田间设备状态信息，控制田间电磁阀等设备的启停。

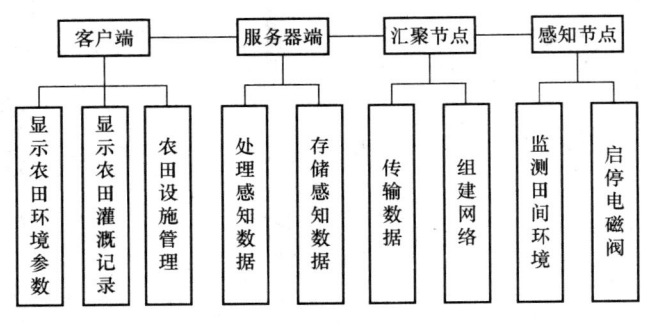

图 7-1-5 系统的软件结构

1. 感知节点软件设计

感知节点负责采集农田环境信息和监控农业设备状态信息，其流程如图 7-1-6 所示。感知节点上电后首先进行节点初始化，选择信道加入 ZigBee 无线通信网络，向汇聚节点注册自身的网络地址、物理地址和父节点等网络地址信息，然后周期性地采集农田环境信息并存储，将采集到的数据发送至汇聚节点后清空存储的数据信息。若在规定时间内汇聚节点未接收到感知节点采集的相关信息，则该感知节点处于异常状态，进行异常处理。感知节点工作时将周期性地轮询，看是否有控制电磁阀的指令信息。若有，则发送控制指令给电磁阀，否则继续侦听信道。

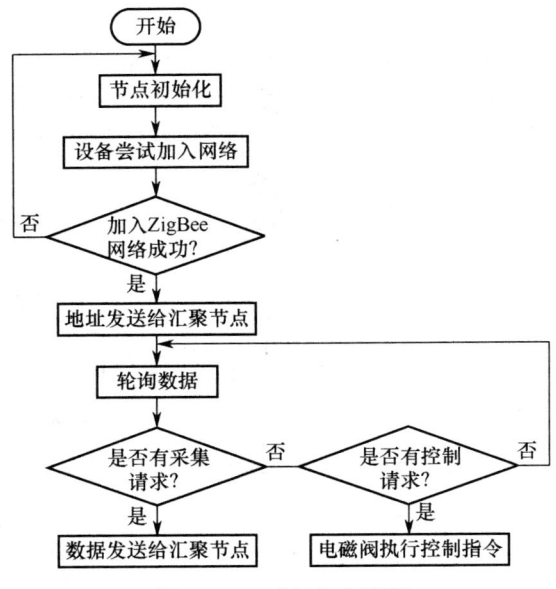

图 7-1-6 感知节点流程

2. 汇聚节点软件设计

汇聚节点初次建立传感网络后，感知节点第一次加入传感网络时，向汇聚节点主动注册自身的网络地址和物理地址以及父节点的网络地址等信息；汇聚节点再将这些信息通过 GPRS 通信模块转发至移动通信网络，并结合节点的位置信息直观地绘制出网络的拓扑结构，待网络工作稳定后，再向感知节点发送邻居表请求。监控中心数据平台在获得各感知节点的邻居表信息后，建立起更为完善的网络拓扑结构。当网络感知到某个节点或链路发生变化时，将向监控中心数据平台报告，监控中心数据平台据此动态更新网络拓扑，从而实时反映网络的运行情况。

当汇聚节点再次收到感知节点信息时，根据接收数据包的标识字符来判断接收数据是感知节点的新网络地址还是感知节点采集的数据。如果是感知节点的新网络地址，则对感知节点地址信息的处理过程与首次加入时的处理过程相同；如果是感知节点采集的数据，则汇聚节点把该数据存到临时数组中，依据地址表存储下一个感知节点的数据信息，待整个监测区域的感知节点数据存储完毕，通过 GPRS 通信模块将数据转发至服务器；如果是局部监测区域控制请求，则将控制指令下发至感知节点完成控制请求。汇聚节点流程如图 7-1-7 所示。

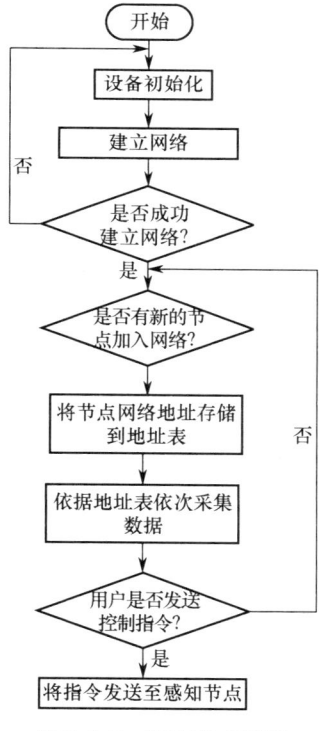

图 7-1-7 汇聚节点流程

3. 数据采集模块设计

数据采集模块实现感知节点对多种农田种植环境信息和田间设备工作状态信息的采集，并将采集到的信息发送至汇聚节点，汇聚节点接收感知节点采集的信息后通过 GPRS

通信模块将采集信息传输至服务器，具体流程如图 7-1-8 所示。

感知节点的感知模块硬件部分由许多传感器构成，因此在编写感知节点 Arduino 部分代码时需要充分考虑各传感器之间的关系，以及传感器采集数据的顺序与传感器之间的协同性。鉴于 Arduino 的存储空间有限，必须尽量简化代码，合理划分各功能函数。感知节点采集多个田间现场数据后，依据封装协议对采集数据进行数据封装。协议将数据包分为包头、包体和检验位 3 部分。包头又称标志位，其长度、格式固定，为节点类型编号，主要功能是对数据包信息进行识别。包体包含各个传感器模块所采集到的数据，且各个数据已被正确转换。

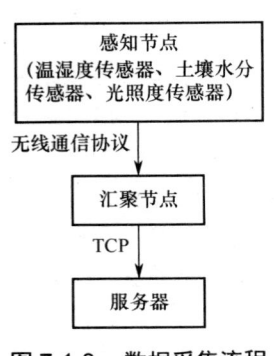

图 7-1-8 数据采集流程

数据打包流程如图 7-1-9 所示。在进行数据打包时，首先获取设备 id，创建用于存放数据的字符数组，然后使用 str( ) 函数将获取的传感器数据写入字符数组中，最后按照发送协议将字符数组转换成 string 类型数据。数据打包完成后，执行 AT 指令向服务器发送数据。

4．远程控制模块程序设计

远程控制在这里主要为田间电磁阀远程控制，用户通过单击客户端对应按钮发送控制指令，指令经过层层下发，下达到终端节点控制电磁阀启停。远程控制流程如图 7-1-10 所示。控制指令包括打开和关闭指令，其封装协议与采集封装协议格式相同，如控制指令数据包为 A1_RZQK1#，数据包头"A1"为感知节点型号编码，分隔符为"_"，打开、关闭指令长度为 5，#为终止位。

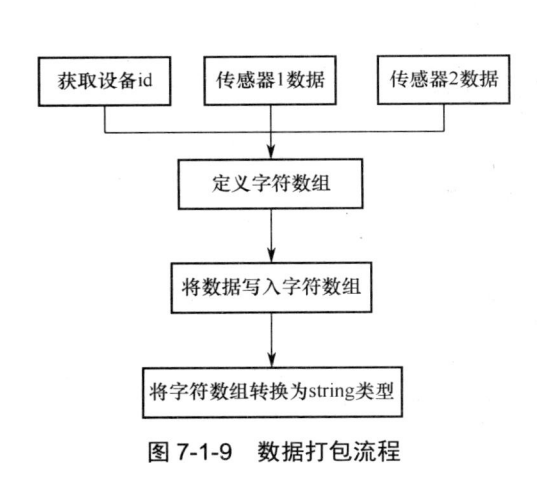

图 7-1-9 数据打包流程　　　图 7-1-10 远程控制流程

5．网络通信程序设计

感知层、网络层、应用层通过建立网络连接实现数据的传递、接收。网络通信模块选用 GPRS 通信模块进行通信，将汇聚节点收集的感知数据通过移动通信网络发送给服务器，实现无线传感网络与 Internet 的连接。在农田滴灌系统中，GPRS 通信模块与汇聚节点连接，进行数据交换。

项目7 农业智能灌溉与监控系统的设计与实施

GPRS 通信模块内置 AT 指令集，每个 AT 指令所代表的功能各不相同，请查阅 GPRS 通信模块使用手册获取更多信息。

GPRS 通信模块上电后，首先执行模块初始化程序，进行联网注册，发送 AT+CGATT? 指令，查询网络注册状态。当 GPRS 通信模块搜索到网络信号时，发送 AT+CSTT=\"CMNET\"指令建立 CMNET 网络连接，发送 AT+CIICR 和 AT+CIFSR 指令激活无线连接状态。GPRS 通信模块在上传数据前，需要接收汇聚节点发送的请求信号，解析后向汇聚节点回复确认信息。汇聚节点收到确认信息后，发送 AT 指令进行 GPRS 通信模块初始化，然后发送 AT+CIPSTART=\"TCP\"，\"47.106.77.143\"，\"50000\"指令连接服务器，连接成功后将要发送的数据流按照设定的数据包协议进行封装，等待接收发送指令，当 GPRS 通信模块接收到汇聚节点的发送命令请求后，发送 AT+CIPSEND 指令进行数据发送。

GPRS 通信模块在接收客户端控制指令时，要从移动网络端即远端服务器接收一个控制指令，向汇聚节点发起系统任务，汇聚节点会通过 ZigBee 网络将控制指令发送至对应终端节点。终端节点执行指令后将指令结果逆向返回给客户端，AT 指令使用流程如图 7-1-11 所示。

TCP（传输控制协议）相较于 UDP（用户数据报协议），具有更高的数据准确性并且可以保证数据传输顺序。TCP 使用 socket（套接字）协议实现网络通信接口，创建与指定远程主机、端口的连接，连接建立后通过 TCP/IP 虚拟链路连接，通过产生相应的 I/O 流，即 getInputStream( ) 与 getOutputStream( ) 进行网络数据传输，具体流程如图 7-1-12 所示。

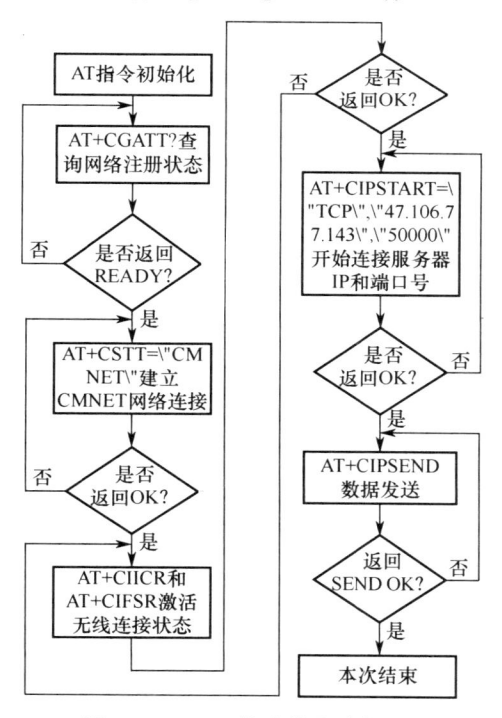

图 7-1-11　AT 指令使用流程

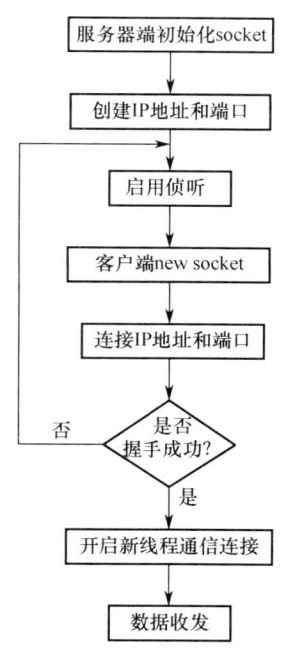

图 7-1-12　socket 协议通信流程

任务的调试运行

根据任务，分模块运行与调试，并观察实验现象是否与预期相符，认真调试，再进行模块整合。

知识点

7.1.1 ZigBee 无线通信模块

因为农田环境的不确定性要求数据传输方式的能耗较低且具有稳定的数据传输通信能力，所以本系统选择 ZigBee 模块作为感知节点、汇聚节点数据收发工具，利用 ZigBee 技术将感知层中的节点进行组网，形成多跳自组织传感网络系统。该系统负责将各感知模块采集的监测数据通过周围通信模块进行转发，最终发送至汇聚节点，以及传输汇聚节点下发的指令信息至感知节点。

本系统采用型号为 CC2530 的 ZigBee 无线通信模块。该模块使用民用开放频段，具有 16 个工作信道，用户可以根据通信环境切换可靠信道。该模块的主要技术参数如下：工作频段为 2.4 GHz，无线传输速率为 250 kbit/s，通信距离为 1 000～3 000 m，工作温度范围-40～80℃，工作电压为 5 V 直流电压，电流为 27.6 mA。其实物图如图 7-1-13 所示。

ZigBee 无线通信模块具有 4 个引脚，分别是 VCC、GND、RX 和 TX 引脚。在连接硬件电路时，将 ZigBee 无线通信模块的 VCC 引脚与 Arduino 单片机的 5 V 电源端口单独相连；GND 引脚与 Arduino 单片机的 GND 端口相连；RX 和 TX 引脚分别与 Arduino 单片机的 TX 和 RX 端口相连。

图 7-1-13　ZigBee 模块实物图

7.1.2 感知模块硬件选型

感知模块在农田现场负责采集农田环境信息和控制农业设备。感知模块由各类气象传感器和可控农业设备组成。本任务用于监测农田环境信息的传感器为空气温湿度传感器、土壤水分传感器和光照度传感器。可控农业设备利用信息技术，通过工程技术手段控制农业设施工作，为农作物提供适宜生长的环境。本任务的可控农业设备指的是田间电磁阀，通过远程控制电磁阀启停进行农田智能灌溉。

1. 空气温湿度传感器

在农田中采集空气温湿度，需要考虑传感器的防水性。本系统采用型号为 SHT10 数字信号输出的温湿度传感器，原件使用特殊灌封材料对电路板进行灌封处理并且采用 PE 材料的保护套，具有双防水处理，可以彻底防凝露损坏。其主要技术参数如下：空气湿度量程为 0～100%RH，湿度精度为±4.5%RH，空气温度量程为-40～123.8℃，温度精度为±0.5℃，工作电压为 2.4~5.5 V，输出电流为 4~20 mA，工作温度为-40~90 ℃。其实物图如图 7-1-14 所示。

图 7-1-14 空气温湿度传感器实物图

空气温湿度传感器具有 4 个引脚，分别是 VCC、GND、SCK 和 DATA 引脚。在连接硬件电路时，由于该传感器与 Arduino 单片机的工作电压不同，所以需要选择上拉电阻对电源电压进行电平转换。本系统设计采用 5 V 电压供电，因此采用 10 kΩ 上拉电阻进行电平转换。另外，为确保产品具有较高的稳定性，增加 100 nF 的滤波电容。为确保产品具有较高的可靠性在此模块电路中采用屏蔽线对数据进行传输。在接入单片机时，SHT10 传感器的 VCC 引脚与 Arduino 单片机的 5 V 电源端口通过 1 个 10 kΩ 电阻、1 个 100 nF 电容相连；GND 引脚与 Arduino 单片机的 GND 端口相连；SCK 引脚与 Arduino 单片机的 D10 端口相连；DATA 引脚与 Arduino 单片机的 D11 端口相连。

2. 土壤水分传感器

田间土壤含水量是农作物生长最重要的环境指标，不同的农作物对土壤水分的要求不同，因此需要实时监测土壤水分，为植物生长提供有利环境。土壤水分传感器主要通过将传感器探头插入土壤中，利用电磁脉冲原理测量介电常数而得到土壤水分值。由于农田土壤水分传感器长期插在土壤中易受腐蚀，所以需选用不锈钢探针和防水探头，并采用 PVC 外壳加环氧树脂封装，防止原件接触土壤生锈。采用型号为 TDR-3 的土壤水分传感器，其具有稳定性高、测量精度高、响应速度快、安装维护操作简便等特点。其主要技术参数如下：土壤水分量程为 0~100% (m^3/m^3)，精度为±2%，工作温度范围为-30~70 ℃，工作电压为 3.3~12 V 直流电压，输出电流为 4~20 mA。其实物图如图 7-1-15 所示。

图 7-1-15 土壤水分传感器实物图

3. 光照度传感器

光照度是光亮度的计量方式，以 lx（勒克斯）为单位。光照度的测量方式有热电转换和光电转换两种。热电转换测量是指，依靠测量物体本身的物理特性测量其因温度变化产生的电流而得到对应的光照度；光电转换测量是指，将光照度利用光电转换模块转换为对应电压值。本系统采用型号为 GY-30 的光照度传感器，采用 ROHM-BH1750-VI 芯片利用光电转换效应进行测量。光照度传感器的主要技术参数如下：光照度量程为 0~65 535 lx，精度为±7% lx，波长测量范围为 380~730 nm，工作温度范围为-40~85 ℃，工作电压为 5 V 直流电压，电流为 0.2 mA。其实物图如图 7-1-16 所示。光照度传感器与光电转换芯片通过电容、电阻、三极管以及场效应管相连。整个传感器模块引出的 4 个引脚分别是 VCC、GND、SCL 和 SDA 引脚。在连接硬件电路时，将光照度传感器的 VCC 引脚与 Arduino 单片机的 5 V 电源端口相连；GND 引脚与 Arduino 单片机的 GND 端口相连；SCL 和 SDA 引脚分别与 Arduino 单片机的 A4、A5 端口相连。

图 7-1-16 光照度传感器实物图

7.1.3 远程通信模块选型

由于农田滴灌系统的部署位置偏僻，基础通信设施薄弱，所以实现远程通信需要借助覆盖范围广的公用移动通信基站进行远程数据传输。而 GPRS 模块通信技术为基于 GSM 的 CDMA2000 接入技术，采用以 ARM920T 为核心的嵌入式设计方法进行通信模块设计，以 SMT 进行封装，相较于仅支持 2G 通信的 GSM 技术，GPRS 通信速率更快，支持 2G/3G/4G。由于系统监控的即时有效性要求保证数据传输的实时性，而 GPRS 通信模块采用分组交换技术，使一个通信信道在同一时间可以被多个用户占用，保证通信模块时刻在线状态，且 GPRS 通信模块同时支持面向连接的通信协议和 UDP，可以保证数据传输的可靠性和实时性，所以本系统选用 GPRS 通信模块作为无线远程通信模块。

本系统选用 SIMCOM 公司生产的 SIM900A GPRS 远程无线通信模块，其主要技术参数如下：通信频段为 EGSM900 和 DCS1800，无线传输速率为 115.2 kbit/s，工作温度范围为-40~85 ℃，工作电压为 5 V 直流电压，电流为 64.5 mA。其实物图如图 7-1-17 所示。

图 7-1-17　GPRS 通信模块实物图

感知节点内部电路连接如图 7-1-18 所示，在连接硬件电路时，将 GPRS 通信模块的 VCC 引脚与 Arduino 单片机的 5 V 电源端口单独相连；GND 引脚与 Arduino 单片机的 GND 端口相连；RX 和 TX 引脚分别与 Arduino 单片机的 TX 和 RX 端口相连。

图 7-1-18　感知节点内部电路连接

任务小结

通过本任务的实施，读者可以掌握物联网组网方案分析和比较，最终确定合理组网方案；掌握单片机数据采集、处理与传输的基本方法，初步具备复杂大型项目的实施技能。

任务 7.2　农业智能监控系统的设计与实施

教学导航

知识目标
- 了解四旋翼无人飞行器的飞控原理和控制方法。
- 了解四旋翼无人飞行器的组成及各个部件的功能。

技能目标
- 能根据任务要求选择四旋翼无人飞行器组件。
- 能够组装和调试四旋翼无人飞行器,实现预定的动作。

重点、难点
- 四旋翼无人飞行器的飞控原理。
- 四旋翼无人飞行器的组装和调试。

任务描述、目的及要求

理解四旋翼无人飞行器的飞控原理,组装和调试四旋翼无人飞行器,使用四旋翼无人飞行器对农田灌溉、果蔬生长情况进行监控。

电路设计

通过对四旋翼无人飞行器基本原理的学习与研究,要实现稳定飞行,以及对各种姿态、功能的控制,就需要设计合理的硬件结构,其中包括传感元件部分、控制元件、驱动元件等,如图 7-2-1 所示。

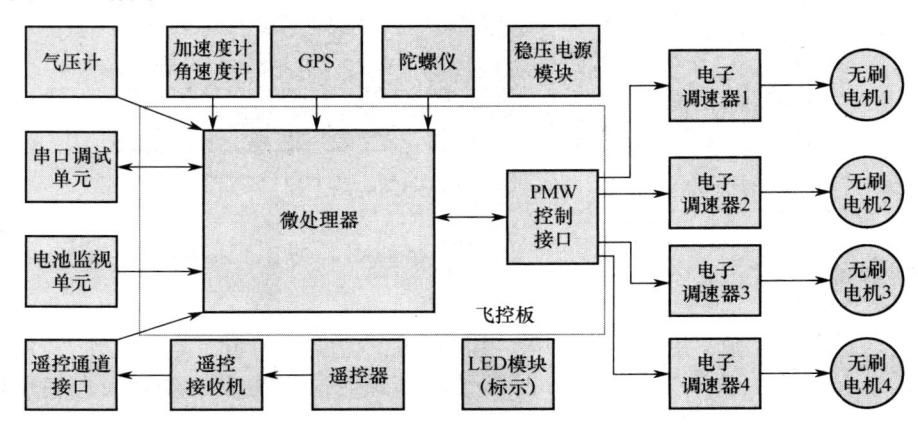

图 7-2-1　四旋翼无人飞行器的硬件结构

1. 微处理器及传感器的选择

基于系统控制通道较多的考虑，最终选择了 Arduino Mega 2560。开发板硬件结构中的核心单元为微处理器，这是整个飞控系统的核心，处理器的性能决定了飞控系统的反应速度；主要测量单元是加速度计和陀螺仪，分别测量当前的三轴加速度和三轴角速度，气压计、GPS 模块用来测定当前的位置和高度，以保持飞行的姿态；稳压电源模块为电子调速器的 BEC（一种免电池电路），为飞控系统提供线性稳压电源；接收机（遥控接收机）通过接口（遥控通道接口）与飞控板进行连接，将遥控器的信号发送给微处理器；微处理器控制信号通过 PWM 控制接口发送给电子调速器，电子调速器驱动无刷电机的运转。这样一套比较完整的飞控系统就搭建完成了。

四旋翼无人飞行器飞行姿态的数据要通过多种传感器进行采集，因此采用高精度的传感器对提高飞行器的飞行稳定性具有重要的意义，同时也要考虑传感器体积的问题。因此最终选择 GY-86 传感器模块，如图 7-2-2 所示。这是一款高度集成的传感器模块，在其长 3 cm、宽 2 cm 的 PCB 上集成了气压计 MS5611、磁力计 HMC5883L、加速度计与陀螺仪集成模块 MPU-6050，这些元件都是在制作飞控板中常用的传感器。GY-86 的体积具有很大的优势，方便安装和使用。

气压计的功能就是用来测定高度，其配合 GPS 与超声波模块可以达到很高精度的定点悬停，这里没有用传统的 BMP085 气压计，因为其精度较低，在飞行时会出现漂移状态。MS5611 气压计是由瑞士的 MEAS 公司制造的，该模块包括了一个高线性度的压力传感器和一个超低功耗的 24 位 ADC，其分辨率可以达到 10 cm。MS5611 可以通过 SPI 或 I2C 两种方式进行通信，无须设置内部寄存器编程，可以与几乎任何微控制器进行连接。

磁力计的功能相当于一个电子罗盘，用于确定当前的方位以锁定航向，保证飞行器不会失去方向，并且当其与 GPS 模块进行配合使用的时候，可以定位当前的地理位置，提高飞行的稳定性。GY-86 所采用的磁力计是 HMC5883L，如图 7-2-3 所示，这是一款采用表面贴装的高集成模块，并带有数字接口的弱磁传感芯片，广泛应用于低成本罗盘和磁场的检测领域。该传感器采用了最高分辨率的 HMC118X 系列的磁阻传感器，并附带有集成放大器、自动消磁驱动器、偏差校准、能使罗盘精度控制在 1°～2°的 12 位数模转换器，并可以通过 I2C 方式进行通信。这样低成本又有效的磁力计应用到四旋翼无人飞行器中，足够满足我们设计的要求。

图 7-2-2　GY-86 传感器模块　　　　图 7-2-3　HMC5883L 传感器芯片

2. 驱动电路选择

一个完整的四旋翼无人飞行器，还要配备性能稳定的驱动电路，包括电子调速器、无刷电机以及桨叶，既要保证有足够的升力，又要满足重量不会过大，并且在工作时不会产生过大的电流或热量而导致产生故障。出于对上述因素的考虑，最终本任务作出了如下选择。

电子调速器使用了好盈 Skywalker-40A 的无刷电子调速器，如图 7-2-4 所示。好盈公司的电子调速器性价比十分高，广泛应用于模型领域。Skywalker-40A 就是为多旋翼飞行器制作的一款电子调速器，具有强大的耐流能力，最大持续电流为 40 A，可承受瞬间电流（10 s）为 55 A，这足以满足电机的要求。它还具有普通、柔和、超柔和 3 种启动模式，驱动 12 极无刷电机最高转速可达到 35 000 r/min，启动保护、温度保护、油门信号丢失保护、过负荷保护等 4 种保护可以有效地保证飞控系统不会失去动力。Skywalker-40A 内部具有 BEC 线性稳压电源，可以为飞控板和接收机供电，省去了外接电源的麻烦。

图 7-2-4　Skywalker-40A 电子调速器

无刷电机和螺旋桨叶，使用了朗宇 X2212-KV980 电机和 APC1047 螺旋桨。遥控器和接收设备选用了天地飞 WFT09 和其配套的接收机。WFT09 是 2.4 GHz 的遥控器，具有 9 个通道，其中前四个为副翼、俯仰、油门、方向，其他通道可以由用户自己定义，足以满足用户对四旋翼无人飞行器的控制要求。这里使用的 WFT09 为左手油门，可以通过设置调整各通道的舵量、舵角、控制曲线，最远直线遥控距离在 900 米左右。

3. 硬件电路的连接与组装

在实际的组装过程中，使用了轴距为 450 mm 的塑料机架，机架的中心部分为上下两层的 PCB：上层 PCB 可以用来放置飞控板（Arduino Mega 2560）；下层 PCB 用来放置 GPS、接收机等；电池和电压报警器下挂在下层 PCB 上，这不仅可以节省空间，还可以使四旋翼无人飞行器的重心下降，提高系统的稳定性。同时也采用了脚架，防止降落时造成机身损坏；电子调速器绑在 4 个机臂下方，保证不会造成损坏。

由于程序中所设置的模拟信号、数字信号通信的引脚已经确定，所以接线引脚是固定的，具体的接线原理如图 7-2-5 所示。首先是飞控系统的供电问题，4 个电子调速器（ESC）的供电端已经焊接在下层 PCB 上，通过 3s 25c 11.7 V 的格氏锂电池给 PCB 供电就相当于给电子调速器供电了。并且使用的 Skywalker-40A ESC 中具有 BEC 线性稳压电源，可以通过 ESC 的信号线供电端接到 Arduino Mega 2560 的+5 V 和 GND，这样就给飞控板供电了。同样的道理，可以通过另外 3 个电子调速器中的任意两个分别给接收机、GPS 模块供电，而且十分稳定，不会对模块造成损害。

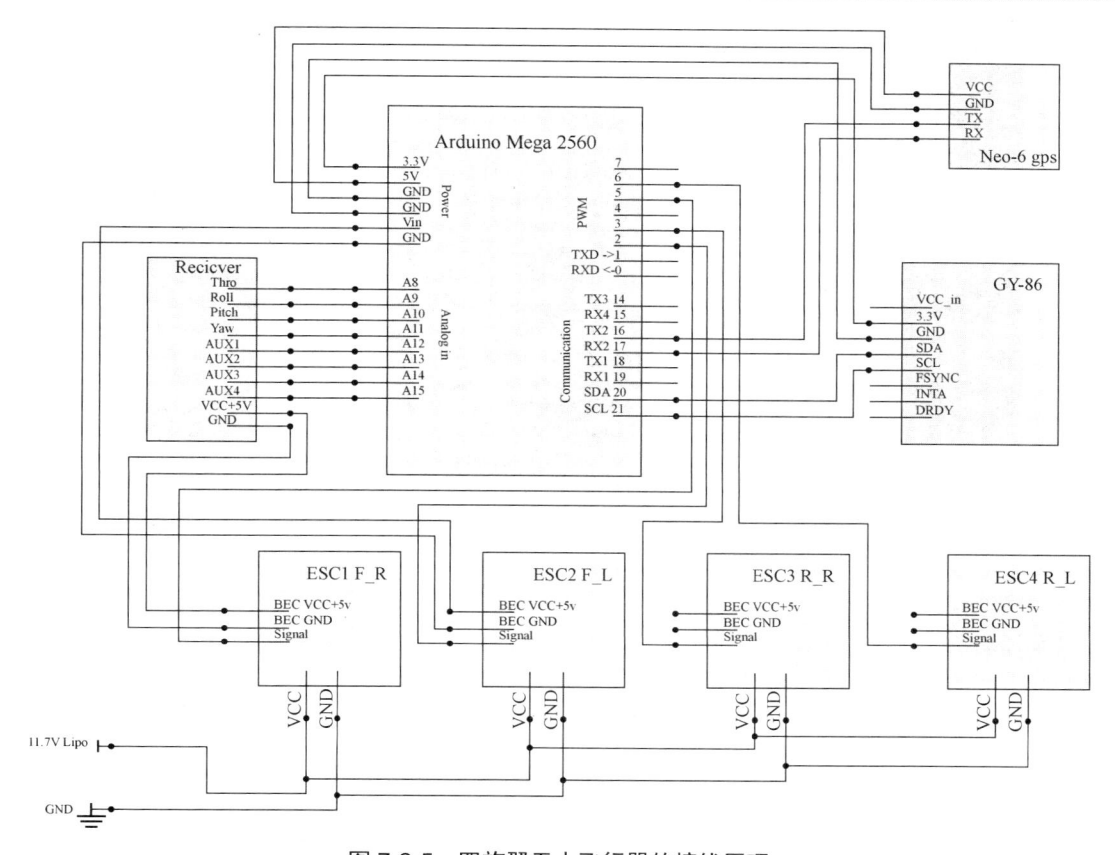

图 7-2-5 四旋翼无人飞行器的接线原理

其次是传感器模块 GY-86 和 Arduino Mega 2560 的连接，将 GY-86 的 SCL、SDA 与 Arduino Mega 2560 上的串行通信口 SCL、SDA 进行连接，同时通过 Arduino Mega 2560 上的 3.3V 和 GND 给 GY-86 供电，这样连接便完成了。但是需要注意 GY-86 的正方向，模块上 Y 轴的正方向就是四旋翼无人飞行器的前进方向，所以要将 GY-86 使用 3M 胶条固定在 Arduino Mega 2560 板上，而且要固定稳定，不能由于固定问题出现震动导致系统误差。

再次是接收机模块，使用的 WFT09 接收机有 9 个通道，前四个分别是副翼 roll、俯仰 pitch、油门 throttle、方向 yaw，而 Arduino Mega 2560 上的 A8 到 A11 分别是油门、副翼、俯仰、方向，其他为 AUX 通道，所以在连接时要仔细接线。并且接收机上面有 3 排引脚，最上面的是信号引脚，中间的是正极引脚，最下面的是负极引脚，所以连接通道的时候要接在最上面的信号引脚。给接收机供电只需要接一竖排的 VCC 与 GND 即可。

最后是 GPS 模块的连接，由于 Arduino Mega 2560 定义的 GPS 通信口为 TX2、RX2，所以在连接 GPS 模块的时候，一定要连接到 16、17 的读写引脚，否则会无法接收 GPS 信号，还会占用并影响其他串口的通信。GPS 的供电方式仍然是通过电子调速器的内置 BEC。理论上 GPS 应该安装在四旋翼无人飞行器的上面空间信号良好的地方，这里由于机架的大小问题，所以粘贴在下层 PCB 上了。这样，接线部分就几乎完成了，如图 7-2-6 所示。

图 7-2-6　实际接线图

程序设计

1. 主函数流程

四旋翼无人飞行器的各种传感器数据的获得、根据原始数据的姿态解算、各种辅助功能的实现、电机的控制等过程都是通过主函数 mainloop()实现的，其中调用了一些函数来实现某一部分的功能，其流程如图 7-2-7 所示。

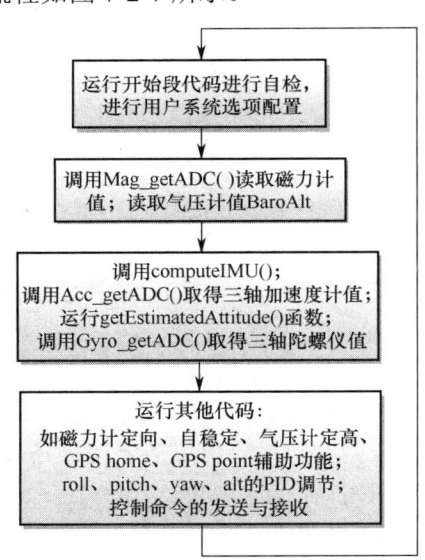

```
运行开始段代码进行自检，
进行用户系统选项配置
         ↓
调用Mag_getADC( )读取磁力计
值；读取气压计值BaroAlt
         ↓
调用computeIMU()；
调用Acc_getADC()取得三轴加速度计值；
运行getEstimatedAttitude()函数；
调用Gyro_getADC()取得三轴陀螺仪值
         ↓
运行其他代码：
如磁力计定向、自稳定、气压计定高、
GPS home、GPS point辅助功能；
roll、pitch、yaw、alt的PID调节；
控制命令的发送与接收
```

图 7-2-7　mainloop()函数流程

通过图 7-2-7 可以看出，系统在上电之后首先进行了自检，确定硬件设备连接正确，并对用户在 configure.h 文件中所进行的定义配置选项进行选择，配置成功之后会通过

Arduino Mega 2560 上 LED 连闪提示初始化成功。遥控解锁之后，推动油门进入执行主函数部分，各传感器数据发生变化并通过 I2C 方式传输到处理器。调用函数读取磁力计值、气压计值，然后调用 computeIMU()函数，其中又调用了 getEstimatedAttitude()函数，经过一系列的校准获得较精确的加速度计值和陀螺仪值，这些值用于计算三轴欧拉角（roll、pitch、yaw）。同时可以进行一些其他的功能，磁力计定向和 GPS 定点功能配合使用，可以保证不会由于横滚和俯仰操作引起其他动作，在恒定高度范围内进行定点悬停；自稳定功能是控制 4 个电机的转速尽量平衡，可以让飞行器在飞行过程中十分稳定；GPS home 功能可以实现返航，但是要设置好当前的地磁偏量。飞行器控制电子调速器的方式是通过 PWM 驱动的，所以调节 roll、pitch、yaw、alt 的 PID 参数可以控制各个通道输出量的状态，主函数可以通过改变进行调整，并控制信号的发出与接收方式、处理状态。

2．姿态解算主要流程

四旋翼无人飞行器的控制核心就是姿态解算过程，一个稳定详细的算法可以准确地计算出当前的飞行姿态，主要的过程就是对加速度计、陀螺仪、气压计的测量值进行校正，然后将其用于三轴欧拉角计算。系统算法流程如图 7-2-8 所示。

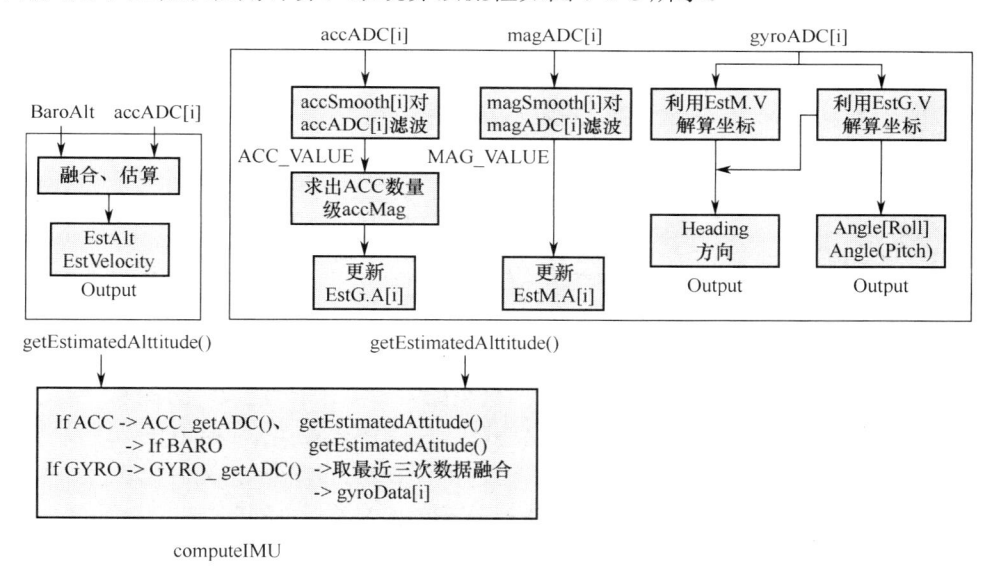

图 7-2-8 系统算法流程

调用 computeIMU()函数，可获得通过校准计算得到的加速度值和角速度值，用于更新当前数据的状态，用于下个循环的计算。这其中调用了 getEstimatedAlttitude()函数进行运算校正。

加速度计当前值 accADC[i]、磁力计当前值 magADC[i]、陀螺仪当前值 gyroADC[i]和气压计当前值 BaroAlt，随着计算和校正不断地更新，作为下一次运算的初始值。通过图 7-2-8 可以看出，在左侧方框内，对气压计和加速度计的值进行姿态融合计算，计算出当前的高度值；在右侧方框内，对加速度计当前值、磁力计当前值进行平滑滤波，所得出的值构成四元数的旋转矩阵，并且利用陀螺仪当前值，进行姿态解算，得到三轴欧拉角 roll、 pitch、yaw。

上述过程通过调用姿态估计函数 getEstimatedAlttitude() 实现。

3. 飞控系统的配置与调试

四旋翼无人飞行器进行飞行之前要进行调试,在 configure.h 文件中进行宏定义,包括机型和传感器的选择、飞行器和遥控器的具体设置、传感器交互控制选择、辅助功能的设置等,基本配置代码及含义如表 7-2-1 所示。

表 7-2-1 基本配置代码及含义

代码	含义
#define QUADX	定义飞行器为 "X" 型
#define MultiWiiMega	定义开发板为 ATmega2560、MPU-6050、HMC5883L、MS5611 的组合系统
#define MINTHROTTLE 1100	定义最小启动油门为 1100
#define MAXTHROTTLE 1850	定义最大油门为 1850
#define MINCOMMAND 1000	定义电子调速器工作的最小命令为 1000
#define I2C_SPEED 100000L	定义系统 I2C 工作频率为 100 kHz
#define SERIAL0_COM_SPEED 115200	定义串口 0 通信波特率为 115 200
#define MPU6050_LPF_98HZ	定义 MPU-6050 的低通滤波频率为 98 Hz
#define GPS_SERIAL 2	定义 GPS 通信方式为串行通信
#define GPS_BAUD 115200	定义 GPS 串口波特率为 115 200
#define UBLOX	定义 GPS 模块为 UBLOX 协议
#define MAG_DECLINIATION -10.7831f	定义当前位置地磁偏量为 −10.7831
#define ALLOW_ARM_DISARM_VIA_TX_YAW	设置解锁方式

这些是系统初始化中基本的定义代码,使得四旋翼无人飞行器可以通过定义这些配置参数选择所需要的传感器模块,并对其数据采集的方式、计算过程进行选择,当然还有一些更加细微的选项,需要进行高级配置。这些高级配置都是在 Arduino IDE 软件中实现的,当完成配置之后,通过开发板上的 USB 串口连接计算机,打开 Arduino IDE,选择对应开发板 Arduino Mega 2560 和对应的 COM 串口,编译成功之后将程序单击下载至单片机中。如果下载失败且提示 0x0000 错误,则可能需要重新刷入 bootloader。

任务的调试运行

(1)根据任务要求选择无人机组件。
(2)编写代码并将程序编译下载至单片机。
(3)观察无人机动作,看是否符合任务要求并进行后期调试。

知识点

四旋翼无人飞行器目前采用的电机主要有两种。一种是无刷电机,另一种是空心杯电机。无刷电机动力强、效率高、负载能力强、耗电量大，需要较大、较结实的机架。目前主流的中大型多轴飞行器均采用无刷电机作为动力电机。无刷电机需要通过相对应的电子调速器电路对其进行驱动和控制，控制起来较为复杂，成本也比较高。而且无刷电机的动力大，需要一个更为专业和更多防护的开发调试和测试环境，否则存在一定安全性问题，调试过程中容易有安全隐患，比如容易被螺旋桨打伤。

空心杯电机具有体积小、质量小、转速高、节能、驱动简便、控制简单、精度高等优点，非常适合用于微型小型的四旋翼无人飞行器。但是其拉力较弱，负载能力也比较弱。可以通过减速齿轮组来转换力矩，使之具有一定的起飞拉力。

任务小结

通过学习四旋翼无人飞行器的工作原理，读者可掌握无人机飞控的基本方法、无人机各个组件的作用，能够根据任务要求选择组件，编写无人机程序并调试飞行。

任务 7.2 教学视频

参考文献

[1] 何洋. Arduino 创意产品编程与开发[M]. 北京：电子工业出版社，2022.
[2] 王俊. 单片机基础与 Arduino 应用[M]. 北京：电子工业出版社，2024.
[3] 陈明荧. Arduino 开发入门与创意应用[M]. 北京：清华大学出版社，2022.
[4] 李明亮. Arduino 技术及应用[M]. 北京：清华大学出版社，2021.
[5] 樊胜民，樊攀，张淑慧. Arduino 编程与硬件实现[M]. 北京：化学工业出版社，2022.
[6] 赵建伟，姜涛，甄奕，等. Arduino 机器人系统设计及开发[M]. 北京：清华大学出版社，2023.
[7] 唐茜. Arduino 创意案例编程入门与提高[M]. 北京：中国电力出版社，2022.
[8] 张金. Arduino 程序设计与实践[M]. 北京：电子工业出版社，2018.
[9] 李永华，牛丽，郭星月. Arduino 项目开发 100 例（典藏版）[M]. 北京：清华大学出版社，2024.
[10] 曹建建. Arduino 编程与实践[M]. 西安：西安交通大学出版社，2020.
[11] 孙秋凤，李霞，王庆. Arduino 零基础 C 语言编程[M]. 西安：西安电子科技大学出版社，2018.
[12] 赵修琪，卢文豪，王珊. 基于 Arduino 的自动分拣机械臂控制系统设计[J]. 现代电子技术，2021（24）：163-166.
[13] 李钰铖，何伟锋，黄敏桩，等. 基于 Arduino Mega 2560 单片机的智能物料运输车设计[J]. 机电工程技术，2024，53（2）：146-150.
[14] 王长乐，魏雄飞，王静，等. 基于 Arduino 的多功能循迹小车设计[J]. 河南科技，2024（17）：14-18.
[15] 苏吉阳. 基于 Arduino 的物流多旋翼无人机设计[J]. 机电工程技术，2023，52（11）：259-261.
[16] 耿新洋，杨延宁，崔佳萌，等. 基于 Arduino 的现代网络智能化灌溉系统[J]. 南方农业，2020，14（32）：211-213.
[17] 秦华，孙晓松. 基于 Arduino/Android 的环境状况监测系统设计[J].无线互联科技，2013（1）：59-61.
[18] 孙志宇. 基于 Arduino 平台的四轴飞行器的设计及其应用[D]. 大庆：东北石油大学，2017.
[19] 刘育辰，李江全，左乾坤. 基于物联网的农田滴灌远程监控系统设计[J]. 自动化与仪表，2018，33（4）：82-86.